はじめに

幼少期、私が住んでいた家の前に巨大な道路用ロータリー除雪車がよく止まっていた。黄色の車体に真っ赤な除雪装置を付けたその威容は、今でも私の脳裏にはっきりと映し出される。

除雪車の魅力、それは鉄道用、道路用問わずその威容にある。赤や黄色といった派手な色の車体が、真っ白な景色の中、雪煙を上げて突き進むその姿を見て、迫力を感じない人は居ない。したがって、除雪車の姿を写真に収めたという趣味者の数は多いだろう。

一方、除雪車に対する趣味的研究は、過去行われて来ただろうか。豪雪地帯が日本の国土に占める割合はおよそ50%。しかし、そこに住む人々は日本の人口のわずか15%に過ぎない。豪雪地帯に

雪煙を上げて突き進むDD14形式。各地から転車台が消えた1970年代半ば以降、DD14形式は背中合わせの２両編成で稼働することが多くなった。
1983.2.19　P：富樫俊介

暮らさない・暮らしたことがない人の方が圧倒的主流なのである。そうなると勢い除雪車が身近なところにあるという人の数も少なく、ひいては除雪車の研究が進んでこなかった要因のひとつにもなるのであろう。

本書では、雪国の鉄道輸送に欠かすことができない鉄道除雪車の近代化を取り上げる。1960年代以前、鉄道除雪車は「雪かき車」と呼ばれ貨車に分類されていた。それが動力近代化の波の訪れとともにディーゼル機関車や軌道モータカーと融合し「除雪車」と呼ばれるように変容していったのである。その経緯をさまざまな文献をひもとき、振り返ってみたいと思う。

小樽市総合博物館に保存されている幌内鉄道の雪払車の復元車両。　2022.9.26　小樽市総合博物館　P：長澤泰晶

1．近代化以前の除雪方法

1．1 本線除雪の手法と雪かき車

鉄道除雪は大きく分けて本線除雪と構内除雪に分けられる。駅間という長い距離の排雪を行う本線除雪と、駅・操車場構内という広い範囲の排雪を行う構内除雪ではそれぞれ作業の質が異なるからである。そしていずれも人力に頼る面と、機械力に頼る面がある。

本章では1960年代よりも前、日本における鉄道黎明期から1960年代に至るまでの鉄道除雪の状況や方法について本線除雪と構内除雪に分けて解説する。

日本の国有鉄道史におけるもっとも古い雪害の記録は、1883(明治16)年2月8日にまでさかのぼる。

当日東京付近に大雪があり、線路が埋没して新橋横浜間、すなわち当時の関東における鉄道全線の列車運転が不能に陥った。よって横浜から機関車に緩急車をつけて除雪隊を繰り出し、途次堀開を行いつつ6時間かかってようやく新橋にたどりつき、午後4時発の下り列車から辛うじて開通を見たということである。

日本国有鉄道『鉄道技術発達史　第4篇(車両と機械)』1958(昭和33)年より

国有鉄道は比較的雪の少ない太平洋側から敷設されたこともあり、その黎明期に雪害に悩まされる機会は少なかった。したがって、たまに大雪に見舞われるとたちまち混乱を来たし、人力で雪かきをするほかなかった。

一方、国有鉄道ではなく官営の私鉄としてスタートした北海道の鉄道はもっと古くから雪害に悩まされていた。1880(明治13)年に北海道初の鉄道として開業した官営幌内鉄道はその開業時より雪払車と称する雪かき車を内製し、除雪作業に備えていた。幌内鉄道の雪払車はV形の除雪装置を両頭に有し、機関車に推進されて除雪を行うというものである。現在、北海道小樽市の小樽市総合博物館に実物大の復元車両が展示されているが、これを見る限り自車の車体幅以上に雪をかき広げることはできず、除雪効果がいかなるものだったかは懐疑せざるをえない。実際、この雪払車は脱線ばかり起こし、むしろ線路開通の邪魔ばかりしていたとも言われている。

本州内において除雪が意識されはじめたのは、日本鉄道が東北地方へ路線を延伸させはじめた1890(明治23)年頃のことからである。しかし、この頃は局所的に発生する吹きだまりへの対処といったことが主眼であり、むしろ防雪施設の研究が進んだ。当初は沿線に防雪土塁を築いたり線路上に防雪覆を設けたりしたが、やがて鉄道防雪林の整備へ至った。1893(明治26)年に日本鉄道本線(のちの東北本線)水沢－青森間の37か所に対して整備されたものが鉄道防雪林のはじまりである。

国鉄の公式資料ではこのようなタイプの車両も幌内鉄道の雪払車とされている。
出典：日本国有鉄道工作局編『国鉄80年記念写真集 車両の80年』 交通博物館, 1952

明治時代を通して本線除雪は機関車の前頭部に装着した除雪器によって行われたが、これは50cm程度までの積雪にしか対応できず、それ以上の積雪時は人力除雪に頼らざるをえなかった。本線除雪の機械化を目指して本格的な雪かき車が本格的に導入されたのは1911（明治44）年のことで、北海道向けにRussell Car and Snow Plow社（米国）より１両輸入されたラッセル車ユキ15形式（のちのキ１形式）である。

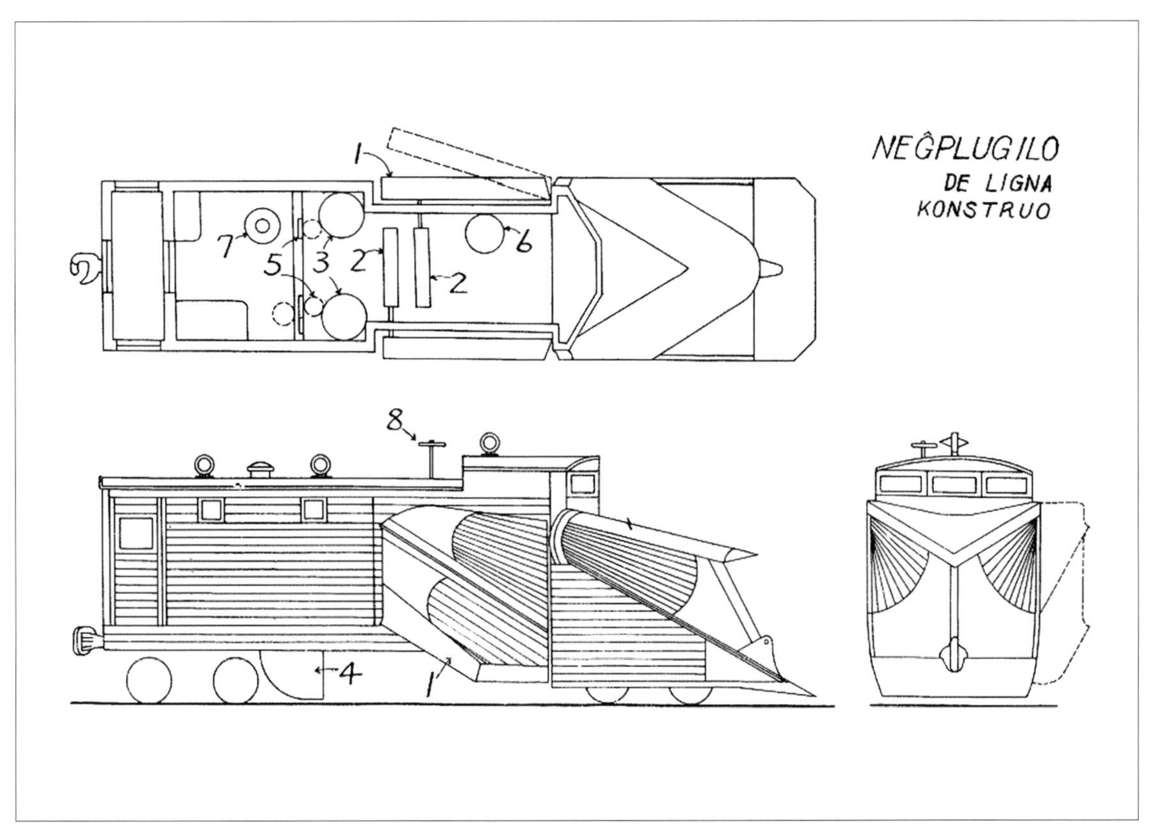

1911（明治44）年に米国から輸入された最初のラッセル車ユキ15形式（のちのキ1形式）。
出典：日本国有鉄道編『鉄道技術発達史 第4篇（車両と機械）』 日本国有鉄道, 1958

三八豪雪の際に派遣された陸上自衛隊員による段切作業。
出典：新潟鉄道管理局編『雪にいどむ(写真集)』新潟雪害対策調査委員会調査研究報告書. 新潟鉄道管理局, 1987

ラッセル車は1912(大正元)年には国産化され、以後広く全国に普及した。その後、大正時代から昭和初期の間にジョルダン車やロータリー車、マックレー車が導入され、本線除雪の機械化が進んでいく。しかし、これらの雪かき車が広く行きわたるまでには時間を要し、やはり人力除雪によってしのいだ時期が長く、この間に効率的な作業を目指してさまざまな人力除雪の方法が確立された。

人力除雪の方法としては、切落法、幅切法、段切法の三種類が基本であった。各方法については以下のとおりである。

・切落法：築堤区間にて積雪をレール面と同一面上になるよう切り落とすように除雪する方法
・幅切法：築堤区間または浅い切通区間にて積雪を線路中心から両側2.4m以上ずつ除雪する方法
・段切法：深い切通区間にて雪を斜面へ階段状に積み上げながら除雪する方法

それでは除雪の機械化に際し導入が進められた「雪かき車」について、その推移を次頁より解説する。

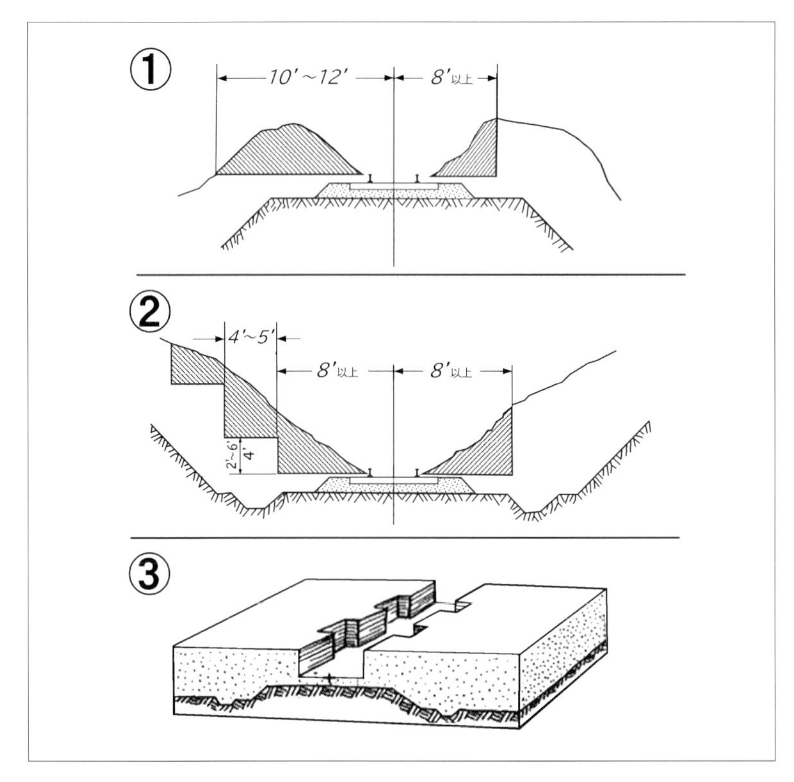

上より①築堤区間にて用いられる切落法、②切通区間にて用いられる段切法、③多量の雪が積もった場合に用いられる窓切法。以下に記載の図版を参考に作図。
①②：羽島金三郎「北海道鐵道に於ける除雪方法」『機械學會誌』vol.30, no.118, 1927
③：柴谷肇一「鉄道除雪について」『雪氷』vol. 22, no. 6, 1960

1928(昭和3)年より戦後に至るまで実に194両が製造された、国鉄を代表するラッセル車キ100形式。 1962年 P：星 晃

●ラッセル車

大正時代以後、雪かき車が普及してからの機械除雪の代表格はやはりラッセル車であった。時代や地域にもよるが、ラッセル車は10cmの積雪から出動し、積雪初期の除雪を担当した。ラッセル車はV字形の雪鋤と左右に付いた可動式のウィングにより4.5～4.8m幅を除雪することができる。また、フランジャー装置を下げることで軌間内の氷雪をも除去できる。

しかし、ラッセル車や各種列車の走行によって押し退けられた雪が線路両側に1m以上堆積すると、ラッセル車の排雪効果は低減してしまう。かき上げた雪を遠方へ飛ばすことができなくなる上、堆積した雪が崩れて線路内に落ち込んでしまうからである。この線路両側に堆積した雪を側雪と呼び、堆積した側雪を処理するために人力で幅切や段切を行う必要があった。また、吹きだまり等によって線路上に1.5m以上の雪が堆積するとラッセル車ではお手上げになってしまう。そのような際は、緊急的に窓切法と呼ばれる除雪方法が採られることもあった。これは線路上を細い溝形に除雪し、およそ5mごとに箱形の「窓」を設ける方法である。窓切法によって人力除雪した後、その区間にラッセル車などを強引に突入させ、埋没した線路の突破を図った。

キ100形の変形車2題。左は前頭部に庇が取り付けられたキ196で、前方見通し確保のためと思われるが詳細は不明。右は1962(昭和37)年に試作されたパラボラ形ラッセル(キ273)で、除雪抵抗の軽減が実証されたが、その分雪を飛散させることができず上手くいかなかった。
左)1958.7／右)1962年 P(2点とも)：星 晃

米国から輸入されたロータリー車ユキ300形式（のちのキ600形式）を国産化する形で1948（昭和23）年に登場したキ620形式。写真は新庄機関区配属のキ624。
1960.8.6　新庄機関区　P：長谷川興政

●ロータリー車

ラッセル車の次にお目見えした雪かき車がロータリー車である。ラッセル車では対処できない深雪になった際にこれを対処すべく導入が計画された。鉄道省において1921（大正10）年頃に廃車となった機関車のボイラーを利用してロータリー車を製作することが検討され、そのお手本として1923（大正12）年にAmerican Locomotive社（米国）より輸入されたユキ300形式（のちのキ600形式）2両がその最初である。

古典的なロータリー車は蒸気機関などを利用して大型の羽根車を回す回転羽根車式と呼ぶべきもので、その大型の羽根車によってかなりの深雪やさまざまな雪質に対応することができた。ただし、かき寄せ翼を持たないため基本的には自車の車体幅以上の雪を処理することはできない。

正面から見たキ620形式。原宿の宮廷ホームに展示中のものと思われる。
1955.10　P：星　晃

炭水車側から見たキ624。
1960.8.6　新庄機関区　P：長谷川興政

1926(大正15)年に米国から輸入された2両をもとに国内で製造されたジョルダン車ユキ400形式(のちのキ700形式)。写真は米沢機関区配属のキ704。
1960.8.6　米沢機関区　P：長谷川興政

●ジョルダン車

つづいて日本へ導入された雪かき車がジョルダン車である。これは1926(大正15)年にJordan社(米国)から輸入されたユキ400形式(のちのキ700形式)２両が最初である。ジョルダン車は翼を広げると最大7.6m幅にも達することから広幅雪かき車とも呼ばれ、駅や操車場の構内除雪に使われたほか、ロータリー車やマックレー車が広く普及する以前は築堤区間での切落や側雪堆積時の幅切にも用いられた。余談ではあるが、北海道においては国鉄分割民営化前後の頃まで幅切のために本線除雪に用いられるキ750形式の姿が見られた。

ところで、日本においてジョルダン車はもっぱら雪かき車として用いられたが、本来はバラストならし車(Ballast spreader)として開発されたもので、諸外国では保線作業に用いられるものである。

キ704の操縦室側。外板は木製である。
1960.8.6　米沢機関区　P：長谷川興政

除雪作業中のジョルダン車キ700形。
出典：日本国有鉄道工作局編『国鉄80年記念写真集 車両の80年』交通博物館, 1952

羽島金三郎氏の考案により製作されたユキ500形式（のちのキ800形式）をもとに改良が加えられて1929（昭和４）年から製造されたキ550形式（のちのキ900形式）。写真は新庄機関区配属のキ919。
1960.8.6　新庄機関区　P：長谷川興政

●マックレー車

マックレー車は鉄道省札幌鉄道管理局羽島金三郎氏によって考案された雪かき車である。1925（大正14）年、羽島氏は線路の両側に堆積した側雪を処理するため、一度側雪を切り崩して線路上にかき寄せ、続行させたロータリー車によって遠方へはね飛ばすという手法を提唱した。しかし、一時的にせよ線路を雪で埋める方法には反対意見も多かった。この反対意見を説き伏せるのに羽島氏は頭をひねることになるのだが、日本雪氷協会の論文誌『雪氷』1941年１月号に掲載された随筆「マツクレー物語」にその内実が詳しく語られている。

羽島氏がマックレー車のアイデアを考案したものの反対意見が強くなっていた頃、たまたま羽島氏に海外留学の命が下り、北米へ渡ることになった。この際にカナダ国鉄（CN）においてK. D. Maclay氏という人が羽島氏と同じ考案をしており、木製のかき寄せ装置を試作していたことを知る。ただし、この試作かき寄せ装置は上手くいっておらず既にうち捨てられていた。Maclay氏のこの装置を見た羽島氏は、帰国後に自ら考案したかき寄せ式雪かき車にマックレー車と名付けることにする。これは日本名を付けたのでは到底賛成意見を得られるものではなかったため、いかにも西洋の最新雪かき車であるかのように喧伝するためであったという。こうしていよいよ1928（昭和３）年にユキ500形式（のちのキ800形式）の試作へとこぎ着けた。

マックレー車はかき寄せ翼を広げ最大6.2mの幅の雪を集めることができ、側雪を一気に処理することができる。当初、マックレー車とロータリー車は別々に続行運転されていたが、見通し不良時など追突事故がよく発生したために1940（昭和15）年に新潟地区において両者の連結運転の可能性が調査・研究され、実現している。やがて機関車・マックレー車・ロータリー車・機関車の編成を組むことからキマロキの名が生まれ、一般に広まることになった。

□

さまざまな雪かき車の登場によって、本線除雪の大部分は昭和初期から戦時中までの間に機械化が一気に進んだ。ただし、山間部の路線においては斜面の段切作業など一部人力に頼る部分も残存している。

しかし、これら雪かき車が排雪列車として出動するためには、非常に多くの手間と時間を要した。雪かき車を推進・牽引するための機関車の手配、雪かき車に乗務する保線の人員や機関車の乗務員の手配などである。特にキマロキ編成の出動に際しては二十名以上の人員が必要とされた。したがって、雪が降りそうなときにあらかじめ排雪列車の出動を要請しても、手配には数時間から十数時間も掛かってしまい、すっかり大雪となってしまってから排雪列車が運行されることになり除雪作業が難航してしまうということが起こる。

三六豪雪により雪に覆われてしまった長岡操車場。1961（昭和36）年１月５日。
P出典（特記以外５点）：新潟鉄道管理局編『雪にいどむ（写真集）』新潟雪害対策調査委員会調査研究報告書　新潟鉄道管理局, 1987

1. 2　構内除雪の手法と雪捨作業

構内除雪とは、書いた字のごとく駅や操車場構内の除雪のことである。駅や操車場構内は車両の入換や係員が縦横に移動するため、常に綺麗に除雪されている必要がある。しかし、構内には線路脇に信号機や転轍機、標識といった除雪作業を支障するものが多数建植されているため、雪かき車の使用が難しい箇所が多々ある。また、線路のみならずホーム上の雪かきや駅舎・上屋の屋根の雪下ろしといった施設関連の除雪作業も数多く存在する。このため、構内除雪は人力除雪に頼る面が非常に大きい。これについては、現代においても未だ変わることのない点である。

線路間や施設などに対する人力除雪には、かつては木鋤と呼ばれる木製スコップが使われたが、やがて金属製の角スコップへと代わっていった。雪を運搬するには、牽引して使う木製スノープラウともいえる雪馬が用いられた。雪馬は人力で引っ張る通常のものとウィンチにより巻き上げる機械雪馬の二種類があった。屋根上からの雪下ろしには、雪を滑り落とす雪樋が用いられた。

人力除雪が多くを占める構内除雪においても、可能な限り雪かき車は用いられる。この場合、ラッセル車やジョルダン車が用いられることが一般的である。た

左は雪馬による除雪作業、右は雪そりによる雪の運搬作業。

だし、ラッセル車も前頭部がV字形の単線用ラッセル車を用いると線路間に雪を貯め込んでしまい、堤防上の雪の列ができる。これができてしまうと人力で除雪するほかない。このため、前頭部が片流れ形の複線用ラッセル車を用いた方がよいが、複線用ラッセル車が広く普及しはじめるのは、国鉄各線の複線化が進む戦後からとなる。複線用ラッセル車やジョルダン車を用いて一方方向に除雪走行を続ければ、構内の片方に雪を押しやることができて便利であった。

複線形ラッセルは戦後に普及した。複線区間の除雪のほか、構内除雪などに便利に使われた。 1961.4 P：星 晃

構内除雪において一番の問題点は、雪を捨てる場所がないことである。したがって、雪をまとめて貨車に積み込んで運搬し、近隣の河川などへ捨てる雪捨作業が生じる。雪捨作業は、集雪→積込→運搬→雪捨の四段階を踏んで行われた。集雪は前述のとおり雪かき車を用いることもできたため、ある程度は機械化されていた。しかし、積込と雪捨は人力で行わざるをえず、多くの人手を要した。時には貨車への雪の積込にスノーローダーの使用が試みられたこともあったが、一般化はしなかった。

兎角、人手を要しがちなのが構内除雪である。1956（昭和31）年頃の国鉄札幌鉄道管理局内における人力除雪作業のうち88%を構内除雪が占めていた。これらの人手を国鉄では臨時雇いとして集めていたが、一方で民鉄などでは沿線の青年団や消防団といった沿線住民の手を借りて除雪組合を組織することが多かった。

1960年代に至るまで民鉄では独自に雪かき車を保有するところは少なく、本線除雪も含めて100%人力除雪に頼らざるをえない鉄道も珍しくはなかった。したがって、大雪の際は長期運休を余儀なくされたのである。

1章の参考文献

1）日本国有鉄道編『鉄道技術発達史 第4篇（車両と機械）』日本国有鉄道, 1958
2）柴谷肇一「鉄道除雪について」『雪氷』1960, vol. 22, no. 6
3）引田精六「国鉄における雪害対策研究の変遷」『雪氷』1963, vol. 25, no. 5
4）田中行男「鉄道除雪作業と除雪機械について」『交通技術』1956, vol. 11, no. 4
5）羽島金三郎「北海道鐵道に於ける除雪方法」『機械學會誌』1927, vol. 30, no. 118
6）尾上清二郎「鐵道線路除雪の今昔」『工政』1933, no. 164
7）X.Y.Z.生「マツクレー物語」『雪氷』1941, vol. 3, no. 1
8）新潟鉄道管理局編『雪にいどむ（写真集）』新潟雪害対策調査委員会調査研究報告書　新潟鉄道管理局, 1987
9）座談会「雪にいどむ」『交通技術』1963, vol. 18, no. 4

背負いかごによる雪の運搬作業。このような器具は1960年代まで多く見られた。

河川への雪捨作業。このように除雪には多くの人手を要する。

2. 留萠鉄道による除雪機関車導入

2.1 留萠鉄道が置かれた状況

かつて北海道に存在した留萠鉄道もまた冬期間に雪害によってたびたび運休に見舞われた鉄道路線のひとつであった。

留萠鉄道はもともと留萌港の埠頭開発および雨龍炭田開発に関連して1928(昭和３)年に設立された鉄道である。留萌港を取り巻く海岸線と国鉄留萠本線恵比島から分岐して昭和に至る炭礦線の二路線から成り立ち、海岸線は1941(昭和16)年に国鉄に買収されている。

留萠鉄道は設立時に半官半民による出資が行われたことや、国鉄留萠本線に依存した運行形態などから開業時より国鉄が運行管理を行っていた。このため、留萠鉄道は長らく入換用機関車を除き本線用の機関車や客貨車を保有してこなかった。しかし、1952(昭和27)年になると客車の台枠や台車を流用したとされる泰和車輌工業製気動車ケハ500形を導入し、旅客列車の自社運行化を開始。1955(昭和30)年には特徴的な前照灯を持つ日立製作所製気動車キハ1000形を導入している。

留萠鉄道の除雪事情であるが、沿線は道内有数の多雪地帯ということもあり、冬期間は５日ごとにラッセル車を出動させていたほか、大雪時にはキマロキ編成も入線した。しかし、これら雪かき車の運行もまたすべて国鉄に委託していた。そのため、留萠鉄道が出動を要請しても国鉄線内の排雪作業が終了するまで後回しにされ、特に大雪時には一体いつ運行を再開できるかも分からないようなありさまであったと伝えられる。

なかなか配車されない雪かき車と毎年多額に及ぶ国鉄への排雪列車の運行委託費に堪りかねた留萠鉄道は排雪列車の自社運行化を目指し、1955(昭和30)年に自社傘下の三和興業に対してロータリー式ディーゼル除雪機関車の開発を打診する。

三和興業は北海道内でおもに鉱山機械の開発や土木事業を手掛ける留萠鉄道傘下の企業であった。三和興業はのちに日本除雪機製作所(現在のNICHIJO)へと改組するが、同社が2012年に刊行した社史には、三和興業時代の事業についても大変詳しく記載されている。日本除雪機製作所の社史によれば、留萠鉄道がケハ500形やキハ1000形といった気動車を導入する際に仕様策定や調達を三和興業に任せており、ロータリー式ディーゼル除雪機関車の開発はそれらの経験を踏まえての上であったとしている。

留萠鉄道が1955(昭和30)年に導入した日立製作所製キハ1000形。同車は廃線後、茨城交通(現在のひたちなか海浜鉄道)に譲渡された。
P提供：株式会社NICHIJO

2.2 三和興業によるロータリー除雪装置の開発

留萠鉄道からの打診を受け、三和興業では既存の除雪機械の調査を行う。国鉄の雪かき車はもとより飛行場用・道路用除雪車を対象に調査を実施したほか、歌登村営簡易軌道のロータリー雪かき車の視察も行ったという。２年間におよぶ事前調査ののち、1957(昭和32)年に留萠鉄道よりその開発構想と、仕様諸元が示された。日本除雪機製作所社史よりその開発構想と仕様諸元を以下に引用する。

■開発の構想

①キマロキ除雪車の機能をベースにして１台に纏める
②ディーゼルエンジン１基で自走しながら除雪作業も行う
③ロータリー除雪装置は国鉄形でかき寄せ翼付きとする

④夏期は除雪装置を取り外して牽引機関車とする
⑤乗務員を３名としたいので、機器の操作は、自動又は遠隔操作とする

■開発構想の仕様諸元構想

形式　ロータリー式ディーゼル除雪機関車自走式、夏期は構内入替え用機関車とする
除雪装置　ワンステージ式かき寄せ翼付き、羽根車は国鉄形で補助翼(オーガの役)付
投雪方向切替　羽根車を逆回転させ反転板で誘導する方式
フランジャー　軌条間の残雪処理用V形スノープラウ付
ブルーム　軌条付近の残雪を除去する回転ブラシ付
アイスカッター　車輪のブラシで押し固められた氷上の固い雪を削り取る鋭利なノミ状のカッター付
側雪処理装置　フランジャーや、アイスカッターで排雪された雪氷を、さらに側方へ押し出す側翼付
反射板装置　羽根車の投雪流を右又は、左方向の近い所や遠くへ誘導する反射板装置付
株式会社日本除雪機製作所社史編纂委員会『創立50周年記念社史　じょせつき』(2012年)より

ここで注目したい点は、開発の構想①の「キマロキ除雪車の機能をベースにして１台に纏める」という点である。それまでの排雪列車は、第１章で述べたとおり基本的にはラッセル車が出動し、側雪が堆積して来るとキマロキ編成が出動するというように複数の雪かき車を積雪の状況によって使い分けていた。しかし、この構想では積雪の初期からロータリー車とマックレー車の機能を１両で兼ね備えたロータリー式ディーゼル除雪機関車を出動させ、最初から側雪を堆積させないというコンセプトを示したものである。

そして第二に注目したい点は、開発の構想③の「ロータリー除雪装置は国鉄形でかき寄せ翼付きとする」と開発構想の仕様諸元構想の「除雪装置　ワンステージ式かき寄せ翼付き、羽根車は国鉄形で補助翼(オーガの役)付」という点である。ここで示された国鉄形という除雪装置は、国鉄キ600形式やキ620形式に見られるような大型の回転羽根車によるロータリー除雪装置のことである。ワンステージ式というのは、雪のかき込みと投雪を単一の回転体で行う除雪装置の方式のことだ。しかし、実際に開発されたロータリー除雪装置では、国鉄形のロータリー除雪装置は採用されることがなかったのである。

当初構想に代わって新たに採用されることになったロータリー除雪装置は、リボンスクリュー形という形式のものであった。これは、雪をかき込み砕くオーガ(らせん状の錐の意)と雪をはね飛ばすブロアの二種類の回転体から成るツーステージ式に属するタイプの除雪装置である。オーガの形状がリボン状になっているためリボンスクリュー形とされるが、この形式のロータリー除雪装置を多く製作していたRolba社(スイス)にちなんでロルバ形と呼ばれることもある。

三和興業では、新たなロータリー除雪装置の参考にRolba製ハンドロータリー除雪機スノーボーイと三菱日本重工業製道路用除雪車WTR形を参考にしたとされる。Rolba・スノーボーイは当時、国鉄が構内除雪の機械化を目指して試験的に使っていたもので、ロータリー除雪装置には同社製標準のリボンスクリュー形が採用されていた。一方、三菱日本重工業・WTR形は当時普及しはじめていた大型トラクタベースの道路用除雪車で、ロータリー除雪装置にはオーガ部にスクリューを採用したスクリューコンベア形が採用されていた。いずれにもツーステージ式に分類されるロータリー除雪装置であり、三和興業では日本の雪質に対し雪をかき込むオーガを有するこれらの方式が合致していることを既にこの時期から察知していたことが窺える。

なお、オーガの前には開閉式かき寄せ翼を設けて従来のラッセル車と同様の4.5m幅まで除雪可能としている。

1950年代に国鉄が輸入して試用していたRolba・スノーボーイ。
P出典：新潟鉄道管理局編『雪にいどむ(写真集)』新潟雪害対策調査委員会調査研究報告書　新潟鉄道管理局, 1987

D.R.101CL形の夏姿を後位側から見る。ロータリー除雪装置はもちろんフランジャー装置やブルーム装置も取り外されている。
P提供：株式会社NICHIJO

2. 3　留萠鉄道D.R.101CL形

三和興業は鉱山機械を手掛けていたこともあり、除雪装置を製作する能力は有していたが、鉄道車両の製造はできなかった。このため、機関車本体の製造は他の車両メーカに委託する必要があった。日本除雪機製作所社史によれば、当初は留萠鉄道キハ1000形の製造を手掛けた日立製作所へ今回の機関車本体の製作を依頼しようとしたが、経験上・構造上成功の可能性が低く、受注台数も少ないという理由から断られてしまう。そこで留萠鉄道に相談したところ国鉄本社の技術部長を紹介され、その伝手で新潟鐵工所を紹介された

三和興業・新潟鐵工所によって制作されたD.R.101CL形のパンフレット。　画像提供：株式会社NICHIJO

D.R.101CL形のロータリー除雪装置。幅4.5mまでの雪を取り込むことができる。　P提供：株式会社NICHIJO

という。こうして新潟鐵工所での機関車本体の製作が決まった。

そして、1956(昭和31)年11月末、新潟鐵工所大山工場にて日本初のロータリー式ディーゼル除雪機関車D.R.101CL形が完成する。

D.R.101CL形は当時の新潟鐵工所製ディーゼル機関車をベースにしており、自重は45t、軸配置は2-C、前位にのみ運転台を有するワンサイドキャブ型という特異なものであった。駆動方式はもちろんロッド駆動。動力源はディーゼルエンジン１基のみである。このディーゼルエンジンからの動力は、変速機で走行向けとロータリー除雪装置向け、ブルーム装置向けに振り分けられ、走行系はトルクコンバータを介して逆転器、そして輪軸へと至る。ディーゼルエンジンは、留萠鉄道キハ1000形で神鋼造機製DMH17Bを用いていたこともあり、当初から神鋼造機製を採用することが決まっていた。このため、新たな除雪機関車には定格出力450馬力の神鋼造機製DMH36Sが採用された。一方、トルクコンバータには新潟鐵工所傘下の新潟コンバータ製DB138が採用されている。

除雪装置はロータリー除雪装置、フランジャー装置、側翼装置、ブルーム装置から構成される。ロータリー除雪装置の投雪口には、雪捨作業時に貨車へ雪を積載できるよう雪積用ダクトを装着できるようになっていた。従台車前方にはフランジャー装置が装備され、これは圧縮空気式シリンダによって可動した。従台車両脇にはフランジャーによってかき出された雪を線路外へ押し出すための側翼装置が装備され、これは圧縮空気式シリンダによって可動した。動台車前側にはブルーム装置が装備された。ブルーム装置は、いわゆるササラによって軌条上の雪をかき出すための装置であり、エンジンからの動力を得て作動する。

1956(昭和31)年12月８日、留萠鉄道に到着したD.R.101CL形は、翌1957(昭和32)年１月末までの間に走行試験や除雪試験を済ませ、いよいよ１月28に鉄道関係者や報道関係者を招いての展示実演会が実施された。そして、国鉄関係者や鉄道技術研究所関係者が見守る中、勇ましく投雪を行う様を実演したのである。

華々しく登場したD.R.101CL形は留萠鉄道の虎の子除雪機関車として活躍した。しかし、当初のコンセプトとして示されていた夏期はロータリー除雪装置を取り外して入換用機関車として用いるという点については上手くいかなかったようである。結局、ロータリー除雪装置の脱着の手間が嫌われ、除雪専用機として使

完成したD.R.101CL形を前に留萠鉄道、三和興業、新潟鐵工所の関係者が並ぶ。　P提供：株式会社NICHIJO

われることになる。

その後、留萠鉄道は沿線の炭礦が次々に閉山されたため、1969（昭和44）年5月に運行を休止、1971（昭和46）年4月に廃止となる。D.R.101CL形はどういう経緯か生まれ故郷である新潟県に舞い戻り、磐越西線鹿瀬駅から分岐していた鹿瀬電工専用線に渡る。ここでも除雪車として使用されたようだが、1970年代後半までに引退し、解体されている。

勇壮に雪をかき込み投雪するD.R.101CL形。　P提供：株式会社NICHIJO

2. 4　北海道拓殖鉄道D.R.202CL形と東北電気製鉄DC2302形

留萠鉄道D.R.101CL形が無事に竣工したのち、三和興業では同方式のロータリー式ディーゼル除雪機関車を北海道内の私鉄各社に対して売り込みをかけた。その結果、北海道拓殖鉄道への導入が決まる。北海道拓殖鉄道は国鉄根室本線新得駅より十勝平野をひた走り、国鉄士幌線上士幌駅に至る路線で、農産物輸送を主とする鉄道であった。

北海道拓殖鉄道向け除雪機関車は留萠鉄道D.R.101CL形に続くものとしてD.R.202CL形とされた。D.R.202CL形のスペックは留萠鉄道D.R.101CL形と同様で、45t級で軸配置は2-C、エンジンは450馬力のDMH36Sであった。ただし、車体が箱型へ変更され、前後に運転台を有するようになった。留萠鉄道D.R.101CL形では無骨なスタイルをしていた前頭部は、スマートな湘南形に変更された。

1960(昭和35)年に登場したD.R.202CL形は、北海道拓殖鉄道において冬期の除雪はもちろん夏期には貨客列車の牽引にも使用され、1968(昭和43)年10月の全線廃止までその使命を全うした。その後、D.R.202CL形は泰和車輛工業に引き取られ、さらに八戸通運へと渡り、鮫駅周辺の側線の入換に使用された。

一方、D.R.101CL形やD.R.202CL形の車両製造を請け負った新潟鐵工所単体でも同系より少々小型の除雪機関車を手掛けている。

1962(昭和37)年、国鉄北上線和賀仙人駅より分岐する東北電気製鉄(のちに東北振興化学、東北重化学工業を経て日本重化学工業)専用線向けに製作されたDC2302形である。当機はD.R.101CL形やD.R.202CL形とは打って変わって当時の新潟鐵工所製C形入換機の文法に忠実に作られた車両であったようだ。自重は27t、ディーゼルエンジンは180馬力の新潟鐵工所製DMH17C、トルクコンバータは新潟コンバータ製DB115である。

スマートな車体を持つ北海道拓殖鉄道D.R.202CL形。
P提供：新潟トランシス株式会社

2章の参考文献

1）澤内一晃・星　良助『北海道の私鉄車両』 北海道新聞社, 2016

2）日本除雪機製作所『創立50周年記念社史 じょせつき』 日本除雪機製作所, 2012

3）高橋理介『ロータリー式ディーゼル除雪車』 車両技術, 1959, no. 53

4）朝日新聞社編『世界の鉄道』1970年版　朝日新聞社, 1969

当時の典型的な新潟鐵工所製産業ロコにロータリー除雪装置を装着した東北電気製鉄DC2302形。　P提供：新潟トランシス株式会社

D.R.202CL形の除雪試験風景。ブロアから飛ばされた雪が空にアーチを描く。
1960.1.29　北海道拓殖鉄道 鹿追
P提供：北海道拓殖バス株式会社

Column1　ロータリー除雪装置の方式

N-MCR-600モータカーロータリーのリボンスクリュー形(ロルバ形)除雪装置。現在もっとも一般的なロータリー除雪装置。
2019.1.12　北上線 和賀仙人
P：長澤泰晶

「ロータリー除雪装置」と言えば、誰もが漠然と雪をかき込んではね飛ばす装置ということは思い浮かべることだろう。しかし、そのロータリー除雪装置が具体的にどのような方式・構造であるか知っている人は少ない。そこで、もっとも基本的なロータリー除雪装置であるリボンスクリュー形(ロルバ形)の構造と、これまでに鉄道の分野において出現したさまざまなロータリー除雪装置の方式を解説しよう。

リボンスクリュー形は、現在日本でもっとも普及しているロータリー除雪装置の方式である。これは鉄道除雪車や道路除雪車はもちろんのこと、民生用のハンドロータリーにも採用されている。

ロータリー除雪装置には、雪を切り崩すオーガと呼ばれる部位と雪をはね飛ばすブロアを有するツーステージ式と、ブロアがオーガの役目を兼ねているワンステージ式の二種類がある。リボンスクリュー形は、このうちのツーステージ式に属する方式である。

リボンスクリューの名は、このオーガがリボン状の金属板が螺旋形に巻かれることでできていることから付けられている。リボンスクリュー形オーガは、積もってからしばらく時間が経った雪や吹きだまりとして堆積した雪などのやや硬い雪を排除することに適しているとされる。北陸地方でよく降り積もる水分量が多い湿った雪の排除に適した方式であり、このため日本ではこの方式が普及している。

ブロアはブロアケースと呼ばれる円筒状のケースの中に入っている。ブロアケースの上側には投雪口が一箇所あり、そこから雪を上方へとはね飛ばす。ブロアケースは回転させることが

MCR-4Aモータカーロータリーのスクリューレーキ形(ニイガタ形)除雪装置。かつて新潟鐵工所製ロータリー除雪装置に採用された。
2019.10.20　山形鉄道 長井
P：長澤泰晶

国鉄が試用したウニモグなどに見られたシュミットカッター形(ピーターカッター形／ウニモグ形)除雪装置。
P出典：新潟鉄道管理局編『雪にいどむ(写真集)』新潟雪害対策調査委員会調査研究報告書　新潟鉄道管理局, 1987

でき、投雪口の向きを左右に変えることができる。また、ブロアケース投雪口の上側にはシュートが備わっていることが多い。シュートは投雪方向を変えるための装置であり、旋回させることで投雪方向を選択できるほか、シュート先端に付けられたシュートキャップを開閉させることで投雪距離も選択できる。

リボンスクリュー形はやや硬い雪に適した方式であるが、これに似たものにスクリューコンベア形があり、またの名をスノーゴー形とも言う。これは単純に螺旋状のスクリューをオーガとしたもので、鉄道の世界においては泰和車輛工業が北海道内の簡易軌道向けに製造したロータリー除雪車であるとか、国鉄の除雪機付入換動車に見られた。

またリボンスクリュー形の派生形として、スクリューレーキ形というものが存在する。リボンスクリュー形オーガの中央部をレーキ(熊手)に替えたもので、新潟鐵工所製のモータカーロータリーや道路用除雪車、DD14・53形式向け除雪装置で見られたためニイガタ形とも呼ばれた。

海岸部などでは積雪が塩分を含み氷のように硬くなる。このような非常に硬い雪に対しては、シュミットカッター形が適する。シュミットカッター形はピーターカッター形とも呼ばれる。これはワンステージ式の一種で、いくつものV字形のカッターが付いたドラムがオーガとなっている。この方式は後述するように国鉄DD14形式で試行されたほか国鉄が導入したウニモグ除雪自動車に見られた。このため、鉄道の世界においてはウニモグ形とも呼ばれる。

反対に軽い雪に適するのがバイルハック形である。バイルハック形は雪と相対する羽根車がそのままブロアとなる単純な構造をしている。このため、除雪装置を簡素・軽量にすることができるため、高速除雪を志向する除雪車に採用された。後述するようにモータカーロータリーの黎明期やDD14形式の初期に試行されている。

バイルハック形は硬く締まった雪に適さない性質を持つが、高速除雪を可能とする簡素な構造が魅力的であった。高速除雪時に雪のつまりを発生させないワンステージ式のロータリー除雪装置を目指して1964(昭和39)年頃に開発されたのが鉄研式である。鉄研式は鉤形の先細翼を持ちいたブロアと筒形ケーシングを特徴とした雪の呑み込みがよく、大量投雪が可能な方式であったとされる。鉄研式はオンレール側雪処理機にのみ採用された。

コラム1の参考文献

1) 鷹田吉憲・堂垣内尚弘『道路の除雪』　理工図書, 1962

シンプルな構造かつパワーロスが少ない利点があるバイルハック形除雪装置。少数ではあるが道路用除雪車での使用例もある。
2021.10.31　新潟県妙高市　P：長澤泰晶

3. 国鉄による除雪車開発のはじまり

有史以来、長らく雪国に住む人々は積雪期の間、冬ごもりを強いられて来た。農業などの屋外での生産活動はできず、労働といえばもっぱら除雪に関連したものが主となる。家屋からの雪下ろしや、道の雪踏み(雪を踏み固めて歩きやすくするようにする作業)といった作業が積雪期の労働の大半を占めた。そして、わずかに内職的な手工業が屋内で行われるのみであった。

近代に入りバスなどの自動車が地方に普及したあとも、長らく行政による道路除雪はほとんど行われなかった。戦後に至っても雪国の多くの地域では、冬期は自動車が使えないということが当たり前であり、道路交通が途絶する山村においては、歩荷による物資輸送が日常的に行われていた。一方、比較的需要の高いバス路線が通る道路では、バス事業者が自社保有する道路用除雪車による除雪が実施されることもあった。

三六豪雪のときに撮影されたEF15形式電気機関車。雪に行く手を阻まれ、完全に動くことができなくなっている。
1960.12.31　信越本線 長岡　P出典：新潟鉄道管理局編『雪にいどむ(写真集)』新潟雪害対策調査委員会調査研究報告書　新潟鉄道管理局, 1987

1950年代、高度経済成長の時代に至ると産業の近代化が一気に全国へと波及した。太平洋側の大都市部のみならず、日本海側の雪国においても工業化が進み、生産活動の通年化がもたらされた。そして、経済成長の波に乗って人々の生活も上向きとなり、電気洗濯機・電気冷蔵庫・テレビの「三種の神器」が広くもてはやされた。もはや雪が降ったら冬ごもりするという生活スタイルは、経済的にも文化的にもそぐわなくなっていったのである。

1956(昭和31)年、東北・北信越地方を地盤とする議員らによる議員立法として積雪寒冷特別地域における道路交通の確保に関する特別措置法、いわゆる雪寒法が成立した。この法律は、従来は冬期になると長期にわたって不通となっていた雪国の道路交通を確保するため、国が指定した道路の除雪・防雪のための費用の一部を国が負担するというものである。これに基づき、ようやく行政による道路除雪がはじまっていくことになる。

一方、この時期は鉄道の輸送量がうなぎ上りに高まっていった頃である。一般に国鉄の幹線においては輸送需要のひっ迫に対して列車の増発と高速化が求められた。さらに冬ごもりをしなくなった雪国の人々は、冬期であっても生産活動を続けるために鉄道にも年間を通した安定輸送を強く求めはじめた。従来のような大雪が積もればたちまち運休し、排雪列車を走らせれば営業列車を間引かざるをえない鉄道から、冬期であっても列車ダイヤを乱すことなく高い輸送需要に対応できる鉄道への脱皮が強く期待されるようになっていく。

そのような背景のもと、鉄道除雪の抜本的な改善のために国鉄では新たな除雪車の開発をはじめることになる。このとき開発が行われることになったものは三つ。一つは簡単な手続きと少人数で出動できる除雪モータカー、もう一つは従来の雪かき車全般の置換えを目指したディーゼル除雪機関車、そしてあと一つは人力作業として残存していた本線除雪の段切作業や構内除雪の機械化を目的とした側雪処理機であった。

これらは国鉄の重要技術課題として昭和34年度の技術課題に取り上げられ、国鉄本社によって研究・開発が行われることになった。ここでの技術課題とは、国鉄経営近代化のために本社による研究・開発の必要がある技術的課題を指し、たとえば動力の近代化や保線作業の機械化などに関連する課題が含まれる。技術課題は年度ごとに選定されるが、単に一年間のみで完成させるものではなく、その年度より継続的に研究・開発が行われた。したがって、これら除雪車の研究・開発が1959(昭和34)年にはじまり、それから継続的に続けられていくことになるのである。

3章の参考文献

1) 塚本清治「昭和34年度の技術課題について」『交通技術』1959, vol. 14, no. 7

実用化まもない頃のモータカーラッセルTMC100BS。初期の車両は妻窓が2枚だった。
1961.2.13　米沢
P：伊藤威信

4. 除雪モータカーの開発

4.1 軌道モータカーの大型化とモータカーラッセルの登場

軌道モータカーとは鉄道保守に用いられる動力車のことで、数t ～ 30 t規模の小型内燃動車である。軌道モータカーは、レールや枕木、砕石といった軌道材料を積載したトロ(トロッコではなくtrolleyの略)の牽引や、あるいは自らに装備された作業装置を用いた保守作業に用いられる。

文献上に見られる日本でもっとも古い軌道モータカーの記録は、1919(大正８)年に鉄道省工務局が甲府保線事務所へ配置した米国・Buda社製Buda No.19である。1923(大正12)年から鉄道省の他の鉄道保守に関する部署でも軌道モータカーの導入がはじまり、当初は米国や英国からの輸入がほとんどであったが、それから数年のうちに国産化に成功している。この当時の軌道モータカーは、輪軸付台枠の上にガソリンエンジンが搭載され、その上にベンチを兼ねたエンジンカバーを載せたのみという簡素なものがほとんどであった。

1935(昭和10)年になると鉄道省では軌道モータカーの製作の容易化を図るために規格を定める。このとき従来どおりの古典的スタイルのタイプを兼用型と定め、その頃現れていた密閉型キャブを一端に持つ貨物自動車様のタイプを貨物型と定めた。兼用型は1950年代初頭までに作られなくなるが、貨物型は戦前から1980年代に至るまでさまざまなメーカで大量に製造された。この時点では軌道モータカーはあくまで自らに人員や資材を積載して走行することが主の機材であり、牽引は副次的な機能とされていた。

1950年代半ば、国鉄では輸送力の増強に伴い特に幹線において軌道強化が推進されていくようになる。これに伴い、レールや枕木といった軌道材料の大型化・重量化が進んでいく。従来の軌道モータカーでは能力が不足する場面が増えたため、新たに牽引用途が主の大型軌道モータカーの開発が行われることになった。

1956(昭和31)年に大型軌道モータカーのプロトタイプ富士重工業・TMC100が試作され、まもなく量産版であるTMC100Aの製造がはじまった。TMC100シリーズは、車体長5m足らずの小柄な車体に走行用エンジンとしていすゞ・DA120P(89馬力)を搭載しており、平坦線では100tの牽引が可能である。

TMC100およびTMC100Aは好評をもって迎えられ、国鉄において一気に普及した。TMC100シリーズは、使用実績を基に細かな改良が加えられながらモデルチェンジが繰り返され、TMC100BやTMC100C、TMC100Fといった派生形が出現している。これを機に富士重工業は国鉄向けの一般大型軌道モータカー市場を完全に占め、さらに大型のTMC200シリーズ、TMC300シリーズ、TMC400S、TMC500シリーズなどを開発していくことになる。

こうして1950年代後半から普及が進んだ大型軌道

1960(昭和35)年から製造が開始されたTMC100BS軌道モータカー。富山地方鉄道では今なお現役である。
2019.6.22　富山地方鉄道 稲荷町　P：長澤泰晶

モータカーであるが、これに除雪装置を取り付けて除雪に用いようという発想が出て来るまでにそう時間は掛からなかった。

1959(昭和34)年、国鉄の札幌鉄道管理局内にて駅構内の雪捨作業の機械化を目的とし、雪捨用ダンプトロが試作された。その際、前頭部にラッセル除雪装置が装着されたTMC100Aが牽引機として用意されたのである。このTMC100Aのラッセル除雪装置は単線形で、圧縮空気により3.4m幅まで開くことができるウィングが付属していた。ただし、フランジャーはなく軌間内の雪を除去することはできない。これが大型軌道モータカーにラッセル除雪装置を取り付けた最初の例である。

この雪捨用ダンプトロの成績はまずまずであったようだが、それよりもラッセル除雪装置付TMC100Aの成績が特に良好であった。駅間ないし駅構内の排雪作業に使ってみたところ、従来雪かき車を用いて行っていた作業の相当部分をこのラッセル除雪装置付TMC100で置き換えられることが分かった。しかも夏期は除雪装置を取り外して保線にも使えるとあって、このときモータカーラッセルの有用性が発見されたのである。

翌1960(昭和35)年、TMC100Aの改良版としてTMC100Bが開発され、さらにその除雪形としてTMC100BSが製品化される。札幌鉄道管理局のラッセル除雪装置付TMC100Aと同じく単線形のラッセル除雪装置を前頭部に装備したものであるが、こちらはフランジャー装置もあり、さらに職員を多く乗せられるようキャブが大型化されている。また、除雪用ということで1tのウェイトを積載し、キャブ内の暖房装置も強化されている。

排雪列車の出動には時間も人手も掛かるが、TMC100BSは保線区の人員3名のみで、かつ線路閉鎖扱いで運転可能という手軽さから爆発的に普及。国鉄はもちろん雪国の民鉄でも広く見られるメジャーな存在へとなっていく。前述のとおり富士重工業の大型軌道モータカーは、このあとさまざまな派生形が生まれていくことになるが、その際にはかならず一般形のほかにラッセル除雪装置を装備した除雪形が用意されることになっていく。

TMC100BSにつづき、ラッセルモータカーの決定版として全国に普及したTMC200CS。　2024.4.28　小坂レールパーク　P：長澤泰晶

1959(昭和34)年に登場したMC形1号機。この写真では見づらいが、ブロアの羽根が４枚であることや後退用の雪スキがないことが特徴。
P提供：新潟トランシス株式会社

4.2　国鉄と新潟鐵工所によるモータカーロータリーの開発

大型軌道モータカーにロータリー除雪装置を装備したモータカーロータリーの構想が立てられたのは、1958(昭和33)年のこととされる。しかしその構想が具体的に動き始めるのは、翌1959(昭和34)年になってからのことである。『交通技術』誌1959年７月号に掲載された「昭和34年度の技術課題について」という記事によれば「ディーゼル排雪機関車の予備試作として、大型モーターカーに掻寄せ板・掻込みスクリュー・投雪ローターを装備したものを試作する」と述べられている。この時点ではモータカーロータリーは、あくまでディーゼル除雪機関車の先行開発品としての役割が強かったことが窺える。

モータカーロータリーのコンセプトは、従来のラッセル車並みの頻度で簡易なロータリー車を走らせることで、側雪排除のためのキマロキ編成の運転を代替することにある。したがって、前述のモータカーラッセルと同様に保線区に配置して保線区の人員のみで簡易に運用できることが求められた。そのために動力を持ち自走できることはもちろん、夏期には除雪装置を取り外して大型軌道モータカー同様に鉄道保守に使用できることが必須である。

モータカーロータリー試作第１号車は早々と1959(昭和34)年度内に登場する。新潟鐵工所製MC形(※1)である。動力は二系統あり、走行用エンジンにいすゞ・DA120(85馬力)、除雪用エンジンに三菱重工業・DH4C(195馬力)を搭載している。

MC形の除雪装置にはバイルハック形が採用された。バイルハック形とはスクリュー状のブロアのみを有すワンステージ式と呼ばれる方式の除雪装置である。これはBeilhack社(スイス)製の除雪車で多く用いられていた方式で、スイスをはじめとする欧州各国において鉄道分野で多くの採用実績があった。日本保線協会(現：鉄道施設協会)の協会誌『鉄道線路』1960(昭和35)年３月号に掲載された「新らしい除雪機械」という記事では、モータカーロータリーの開発に携わった村山熙氏の筆によりMC形開発の経緯が述べられており、その中で除雪装置の方式をどのように決定したかについても説明されている。以下にその経緯を引用する。

(前略)比較的高い作業速度で進行し雪をなるべく遠方に飛ばし、かつ排雪巾を必要に応じて変えることができるという条件に適合する様式として、(a)掻き寄せスクリューとブロアーを組合わせたロルバ形式と、(b)ブロアーのみでブロアーの先端が掻き込み作用を行なうバイルハック形式との２形式に限定して検討し

1960(昭和35)年にブロアの径を大きくし、羽根を３枚へと減らす改良が行われたMC形。　P提供：新潟トランシス株式会社

た結果バイルハック形式の方が構造上簡単であること、欧州における普及度(鉄道用として)が高いと推定されることなどからこの形式を採用することとした。なおロルバ形式のものとしては昨年留萠鉄道において試作したもの(車両)がありその使用成績も良好のようである。

村山　熙・坂　芳雄「新らしい除雪機械」『鉄道線路』第８巻３号, 日本保線協会(1960年３月)より

しかし、バイルハック形は新雪のような乾いた軽い雪には適するものの、湿った重い雪には向かない方式であることが当時より道路除雪車の分野では知られていた。

完成したMC形は札幌鉄道管理局に配置され、北海道内で本格的な除雪試験が行われる。しかし、事前の期待とは裏腹に除雪性能はあまり芳しくなかった。除雪量は予想に反して少なく、さらに雪質によっては雪の呑み込みが悪いことが判明したのである。少しでも湿り気を帯びて重い雪質であると、ロータリー除雪装置の目の前に大きなアーチ状の雪塊ができ、それが次第に膨れ上がることで走行不能に陥るのである。よほど雪質の条件が良くないと連続除雪走行は不可能であるとまで言われた。

翌1960(昭和35)年にはMC形のブロア径を大きくし、羽根の枚数を４枚から３枚へと減らす改造が行われた。また、同じ仕様で第２号車が製作され、新潟支社に配置されている。この新潟支社に配属されたMC形については1961(昭和36)年２月から３月にかけて只見線にて除雪試験が実施された。

新潟県長岡市にある長岡技術科学大学付属図書館には、1960年代のさまざまな除雪に関する研究資料が収蔵されている。それら資料の中に国鉄新潟支社雪害対策調査委員会によって制作された『ブロアー付軌道モーターカー（モーターカーロータリー）の性能調査報告』という資料があり、その中にはMC形の只見線における除雪試験について始終が記録されている。この資料に記された試験結果を要約すると次のとおりとなる。

*湿り度の多い新潟地方の降雪では、かき寄せ飛雪が芳しからず二眼ロータリー（筆者注：バイルハック形のこと)は大幅に改造することが必要である。

*現在の構造において除雪可能な雪質は、はい雪、こな雪、ざらめ雪。

*現在の構造において除雪不可能な雪質は、しまり雪、ぬれしまり雪、凍雪など水分の多い雪。

*しまり雪、ぬれしまり雪、凍雪の除雪は、ブロア前に目玉状の雪塊ができてブロアに流れ込まなくな

る。
＊目玉状雪塊の発生成長に伴い走行30～40mで投雪高さ、距離ともに少なくなりついに停止する。
＊ブロアは前部より後部が小さいじょうご形であるため、雪が圧縮されて凝結し、目玉形雪塊となる。
＊羽根の構造に問題がある。
＊ダクト口が小さくつまりがちである。

以上の結果であり、北海道内での試験でも生じた雪塊の発生がここでも見られたのである。このため、除雪試験が行われた直後には関係者討議の上でMC形の除雪装置をバイルハック形からリボンスクリュー形(ロルバ形)への改造を要求することが決まっている。

同年中、MC形の成績を鑑みて改良型としてやはり新潟鐵工所にてMC1形が製造される。MC1形はMC形と基本性能こそ同じであるが、先の除雪試験の結果を受けて除雪装置がバイルハック形からリボンスクリュー形へと変更された。MC1形は2両製造され、金沢鉄道管理局と旭川鉄道管理局に配置された。また、新潟支社のMC形(第2号車)も1961(昭和36)年12月までに除雪装置がバイルハック形からリボンスクリュー形へと改造されている。

その後、新潟支社ではリボンスクリュー形へ改造されたMC形(第2号車)を用いて、只見線においてラッセル車による排雪列車の代わりに除雪を行っている。この試験についても長岡技術科学大学付属図書館に資料が残されており、国鉄新潟支社雪害対策調査委員会による『ブロアー付軌道モータカーロータリーの性能調査報告』という資料では、積雪が3mを超す量であったにもかかわらず問題なく除雪ができたことが述べられている。これを機に簡易線程度であればモータカーロータリーがラッセル車による排雪列車の代用として立派に活用できるということが認識された。これについて、『新線路』1963(昭和38)年2月号の「モータカーロータリーの実際効果」という記事では、モータカーロータリーの欠点としてラッセル車より速度の点で劣るが、その他の点においては全く欠点を感じられないとまで評している。

1962(昭和37)年からは量産機として新潟鐵工所によってMC2形が開発され、ついにモータカーロータリーの増備がはじまる。MC2形では、雪を左右前後方向に自在に投雪できるようシュートが付き、除雪装置のオーガがリボンスクリュー形からスクリューレーキ形に変更された。スクリューレーキ形はその名の通りリボン状のスクリューの中央部にレーキ(熊手)を取り付けた方式で、1960年代前半から1980年代までの新潟鐵工所製除雪車に見られたためニイガタ形とも呼

1961(昭和36)年に登場したMC1形。ロータリー除雪装置がリボンスクリュー形に変更され、後退用の雪スキが装着された。
P提供：新潟トランシス株式会社

ばれる。

その後、MC2形の増備は一年程度で終わり、1963（昭和38）年以降になるとキャブが大型化されたMC3形・MC4形が本格的に大量生産されるようになる。さらにこの時期に至ると、国鉄だけでなく地方私鉄や専用線においてもモータカーロータリーを新造して導入する事例が出て来る。こうしてモータカーロータリーは雪国の鉄道風景にはなくてはならない存在へと進化していったのである。

※1新潟鐵工所のモータカーロータリーは当初明確な形式名が付けられておらず、"昭和年度＋MC"の名で呼ばれていたが、1976（昭和51）年のMCR-4開発時にさかのぼって"MC"から"MC4"までの呼称が付与されている。

4章の参考文献

1）伊地知堅一「保線用車両（1）」『交通技術』1954, vol. 9, no. 8

2）尾西定明『大型軌道モータカーの構造と取扱』　交友社, 1967

3）松田　務「MC －一般形モーターカー見聞録－」『トワイライトゾ～ンマニュアル11』ネコ・パブリッシング, 2002

4）上田徳三「除雪の機械化」『新線路』1959, vol. 13, no. 5

5）富士重工業株式会社「除雪兼用貨物型軌道モーターカー」『JREA』1961, vol. 4, no. 6

6）村山　熙・坂　芳雄「新らしい除雪機械」『鉄道線路』1960, vol. 8, no. 3

7）奥村　実「モータカーロータリーが改良されるまで」『新線路』1962, vol. 16, no. 1

8）国鉄新潟支社雪害対策調査委員会『ブロアー付軌道モーターカー（モーターカーロータリー）の性能調査報告』　1961, 長岡技術科学大学付属図書館所蔵

9）国鉄新潟支社雪害対策調査委員会『ブロアー付軌道モータカーロータリーの性能調査報告』　1962, 長岡技術科学大学付属図書館所蔵

10）長島信司「モータカーロータリーの除雪効果」『新線路』1963, vol. 17, no. 2

11）新潟鉄道管理局編『雪にいどむ<雪と鉄道>』　新潟鉄道管理局, 1972

12）新潟トランシス『新潟トランシス株式会社20周年記念誌―20年の軌跡―』　新潟トランシス, 2023

本格的に増備が行われたMC3・MC4形。キャブが大型化され、スタイルが大きく変わった。写真は羽幌炭礦鉄道向けの機体。
P提供：新潟トランシス株式会社

Column2　除雪機付入換動車

今なお現役で活躍する投雪型入換動車として知られる北陸鉄道石川線のDL71。1981年協三工業製と入換動車としては末期の製造にあたる。
2020.8.9
北陸鉄道石川線 鶴来
P：長澤泰晶

1960(昭和35)年の暮れから1961(昭和36)年初頭にかけて北陸地方を襲った三六豪雪は、年末年始の繁忙期を直撃し、国鉄の各線を大混乱に陥らせた。そこで国鉄では構内除雪のために貨車の入換に用いていた入換動車(貨車移動機とも呼ばれる)に除雪装置を取り付けた除雪機付入換動車を開発した。

除雪機付入換動車にはロータリー除雪装置を装備した投雪型と、ラッセル除雪装置を装備した除雪型の二種類が存在した。なお、これら除雪機付入換動車は佐藤工業と協三工業で製造された。

投雪型入換動車は1961(昭和36)年2月に登場し、金沢地区で試用されたものがはじまりである。当初、通常の入換動車の前にロータリー除雪装置を装備した前頭車を連結する方式で製作され、前頭車は除雪装置を駆動させるエンジンが搭載されているのみで自走は不可能であった。このため、入換動車によって推進される必要がある。ロータリー除雪装置はスクリューコンベア形で、簡易なかき寄せ翼が取り付けられている。この前頭車方式の投雪型入換動車は、1962(昭和37)年に10両あまりが増備されたとされる。

しかし、この方式では夏期に前頭車が遊休となってしまい使用効率が悪い。このため、1962(昭和37)年に前頭車を自走可能にする改造が行われている。この際、油圧モータ駆動を採用して一台のエンジンで走行と除雪を両立させるようにしたほか、除雪装置を脱着可能として夏期は入換に使用できるように改造された。

その後、投雪型入換動車については改造後の前頭車の仕様が踏襲されて増備がなされていくようになる。通常の10t入換動車と同様に改良が繰り返され、キャブの拡大や屋根構造の変更、足回りのインサイドフレームからアウトサイドフレーム化などが行われた。投雪型入換動車は、北陸地区を中心に日本海側で多く見られ、少数であるが現役の個体もある。

除雪型入換動車もまた1962(昭和37)年度中に登場し、こちらは北海道地区で試用された。最初にV字形の単線形ラッセルが登場し、1963(昭和38)年頃に片流れの複線形ラッセルが登場している。除雪装置を装着したまま入換作業に用いられるよう雪鋤が台枠にめり込んだような構造になっているほか、台枠と連結器の間にスペーサがかませてある。フランジャーやウィングも備え、圧縮空気によって操作される。

除雪型入換動車は北海道・東北地区で多く使用された。実用に供されている個体はおらず、現存する個体はすべて保存機である。

コラム2の参考文献

1) 各局便り「簡易除雪車完成」『車輛工学』1961, vol. 30, no. 4
2) 奥村　実「国鉄の除雪関係諸実験」『雪氷』1962, vol. 24, no. 2
3)「除雪装置付貨車移動機登場」『交通技術』1962, vol. 17, no. 2
4) 奥村　実「36年度実施した除雪関係の諸実験(下)」『鉄道線路』1962, vol. 10, no. 6
5)「除雪装置付貨車移動機」『交通技術』1963, vol. 18, no. 3
6) 浜松工場「除雪ロータリ取り付け車の自走化と油圧駆動方式の採用」『鉄道工場』1963, vol. 14, no. 12

DD14 1の夏姿を1-3位側より望む。初期に登場した３両には床下に側翼装置が装備されていた。 P：富樫俊介

5. 国鉄によるディーゼル除雪機関車の開発

5.1 DD14形式の開発

国鉄における無煙化を念頭に置いたディーゼル機関車の開発は、1953(昭和28)年に登場した幹線向け電気式ディーゼル機関車DD50形式からはじまり、1957(昭和32)年には同じく幹線向け電気式ディーゼル機関車の量産型であるDF50形式へと続く。一方、操車場内での入換・小運転用はとなると戦後に米軍が持ち込んだDD12形式と1954(昭和29)年に作られた小型機DD11形式くらいで、いずれにせよ少数の存在に過ぎなかった。

操車場における入換・小運転にはB6を筆頭に9600形式、8620形式、C50形式、D50形式といった明治から大正期に製造された蒸気機関車が用いられていた。都市部に位置した操車場では入換用蒸気機関車から振り撒かれる煤煙が公害の元となったほか、機関車自身の老朽化といった問題があった。そこで、1958(昭和33)年に入換・小運転用機関車として液体式ディーゼル機関車DD13形式が開発される。

DD14形式設計のベースとされたDD13形式。写真はブルートレイン客車の入換え運用中のDD13 1。
1978.12.18 品川客車区 P：松尾よしたか

DD13形式は大馬力気動車キハ60系向けに開発が進められていたDMH31系エンジンを使用した56t級液体式ディーゼル機関車である。初期に製造された車両は定格出力370馬力のDMF31Sエンジンを２基搭載し一両あたり740馬力の出力を有していたが、1961(昭和36)年以降に増備された車両からは定格出力500馬力のDMF31SBエンジンが使用されるようになり、一両あたり1,000馬力の出力を有している。変速機には神鋼造機がSRM社(Svenska Rotor Maskiner社・スウェーデン)との技術提携により製作したリスホルム・スミス式DS1.2/1.35が用いられている。

DD13形式は大量増備され、無煙化の尖兵として全国の駅や操車場で見られるようになっていく。そのような背景のもとでDD13形式をベースとした除雪機関車の構想がなされるようになっていくのである。

ロータリー除雪機関車を国鉄でも製作しようという動きは、昭和34年度技術課題において「新方式ロータリー排雪車の研究」が採択されたことに端を発する。『交通技術』誌1959年７月号に掲載された「昭和34年度の技術課題について」という記事によれば「現在の排雪列車の編成は、ロータリーの他に機関車を要し人員も多数が必要であって機動性にも欠くので、自走機で機動性のあるディーゼル・ロータリー車の研究を進める」と述べられている。

こうして1959(昭和34)年にはじまったDD14形式の開発は、当初一年間はその構想の具現化と基本設計に終始していたと考えられる。1960(昭和35)年の初頭、国鉄部内・業界向け雑誌『鉄道工場』や『JREA』にその構想が発表されるようになる。そこで述べられている構想は概ね次のとおりである。

*DD13形式ディーゼル機関車をベースとした自走式の除雪機関車とする。

*冬期は除雪に専念し、夏期は除雪装置を取り外して入換用機関車として活用する。

*積雪量が少ないときはエンジンを１基のみ除雪に用い、積雪量が多いときはエンジンを２基とも除雪に用いてDD13形式に推進してもらう。

*機動性を生かして従来のロータリー車はもちろんラッセル車の役割を担う。

DD14形式の当初構想時、とかく強調されたのが「機動性」という点である。これは単にディーゼル機関車がベースであるため、それまでの雪かき車に比べて簡便に出動できるという点も含まれるのだが、それ以上に関係者が目指していたのは高速除雪であった。はじめDD14形式は日常的に従来のラッセル車の代わりに頻繁に出動させて側雪を溜めないための使い方が想定されていた。したがって、ラッセル車の代替となり得るために60km/hでの除雪走行が求められたのである。

DD14 1の夏姿を2-4位側より望む。アメリカンロコを思わせる背の高い機関室が象徴的である。　P：富樫俊介

夏季で休車中のDD14 1。　1982.9.1　旭川機関区　P：松尾よしたか

1961(昭和36)年1月、汽車製造にてDD14形式の第1号機が竣工した。DD14形式の動力スペックはDD13形式とほぼ同じで、動力源としてDMF31SB-R(500馬力)を2基搭載し、それぞれに対して液体変速機DS1.2/1.35を組み合わせている。エンジンからの動力は車体中央に搭載された逆転機により走行用と除雪用に振り分けれるが、すべての出力を除雪用に振り分けることも可能となっている。

ロータリー除雪装置は6枚の羽根から成るブロアを2基並列に配したバイルハック形とされ、かき寄せ翼についてはラッセル車並みの4.5m幅とされた。バイルハック形が採用された理由としては前述のとおり高速除雪をねらったためと説明されている。なお、これらは車両本体と同様に汽車製造にて製作されている。

DD14 1は北海道・苗穂に配置され、さっそく道内屈指の多雪線区であった深名線で除雪試験に供された。しかし、その直後の『鉄道工場』誌上に載った関係者の声によれば「DD14形式の北海道に於ける試験成績をみても、相当の改良余地が残されており」とか「DD14形の性能が未知数であるため、増備の希望が詳かでない」、「(DD14形式の)除雪能力は専用蒸気には劣るため全面的の置換えはできないであろう」などと評されている。すなわち、結局雪のかき込みがどうにも上手くいかなかったのである。この年、北陸地方を三六豪雪が襲い、国鉄各線は雪害によって大損害を被っていた。このため、満を持して登場した新鋭除雪機関車が使い物にならないことが分かったときの関係者の落胆と焦りの様子が窺える。

結局、DD14 1については同年中にブロアの羽根を6枚から5枚へ削減し、フランジャーについても改造されるなど大幅に手が加えられることになった。さらに同年11月には新潟支社向けにDD14 2とDD14 3の2両が増備されるが、この2両についてもDD14 1の改造実績をもとにした改良が加えられた。

これら改良が加えられたDD14形式の試験を行うべく1962(昭和37)年1月から3月に掛けて北海道地区の深名線と新潟地区の電源開発小出基地線(上越線小出駅より分岐)にてそれぞれ除雪試験が実施された。この試験の模様は『鉄道工場』1962年3月号に掲載された「除雪近代化のホープDD14及びDD15の性能テスト」に概要が述べられている。結果としては、深名線の試験については改良の効果は十分あったと評価され、一方で電源開発小出基地線の試験についてはブロア前方およびシュートがつまることがあったため改良の余地ありとされた。この違いは北海道の乾雪と新潟の湿雪による差異であり、先の文献によれば新潟の雪について「聞きしに勝るベタ雪であったのには驚いた」

DD14 3のバイルハック形除雪装置。DD14 1では当初6枚羽根であったが、のちに5枚羽根に改良されているため、これも5枚羽根となっている。　1964.6.8　新潟運転所　P：豊永泰太郎

DD14 3のバイルハック形除雪装置を後位から望む。機関車本体との連結部のリンク機構がよくわかる。
1964.6.8　新潟運転所
P：豊永泰太郎

と評されている。

新潟地区における試験の結果、雪質によってブロア前方やシュートに雪がつまりやすいことから高速除雪を行うには不安があることから、ディーゼル機関車ならではの機動性を生かしてラッセル車と同じような高速・高頻度除雪をロータリーで実現するというDD14形式のコンセプトは困難であるということが認識される。このため、DD14形式の改良はしばらく暗礁に乗り上げた形になってしまう。

その後の新潟地区のDD14形式であるが、DD14 2は1962(昭和37)年の暮れに名寄へと転属させられる。一方、DD14 3は新潟に残留して同年中にかき寄せ翼操作シリンダの油圧駆動化工事が施され、1963(昭和38)年に再度電源開発小出基地線にて除雪試験に供されている。このとき、やはり湿り気の多い自然雪の場合はしばしばブロア前方で雪がつまることが報告されている。

■DD14形式二次車除雪装置

出典：臨時車両設計事務所(動力車)『DD14形液体式ディーゼル機関車説明書』日本国有鉄道. 1961, 福原俊一所蔵

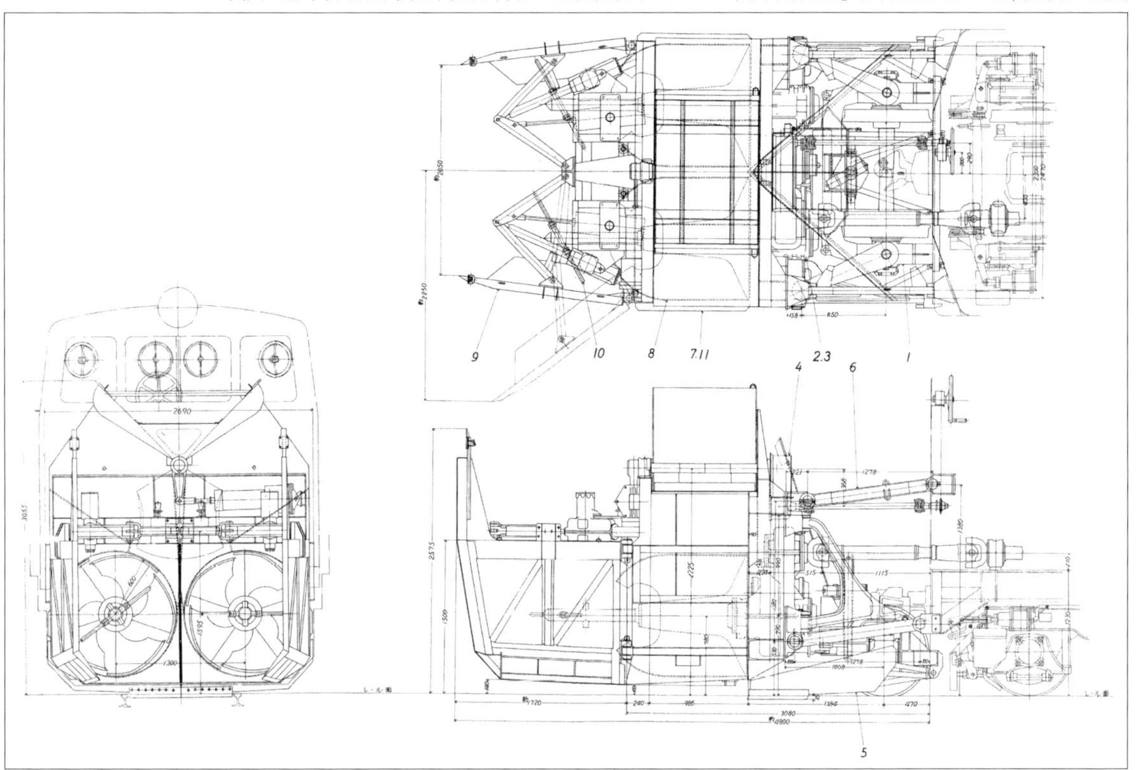

■DD14形式二次車形式図

出典：臨時車両設計事務所(動力車)『DD14形液体式ディーゼル機関車説明書』日本国有鉄道. 1961, 福原俊一所蔵

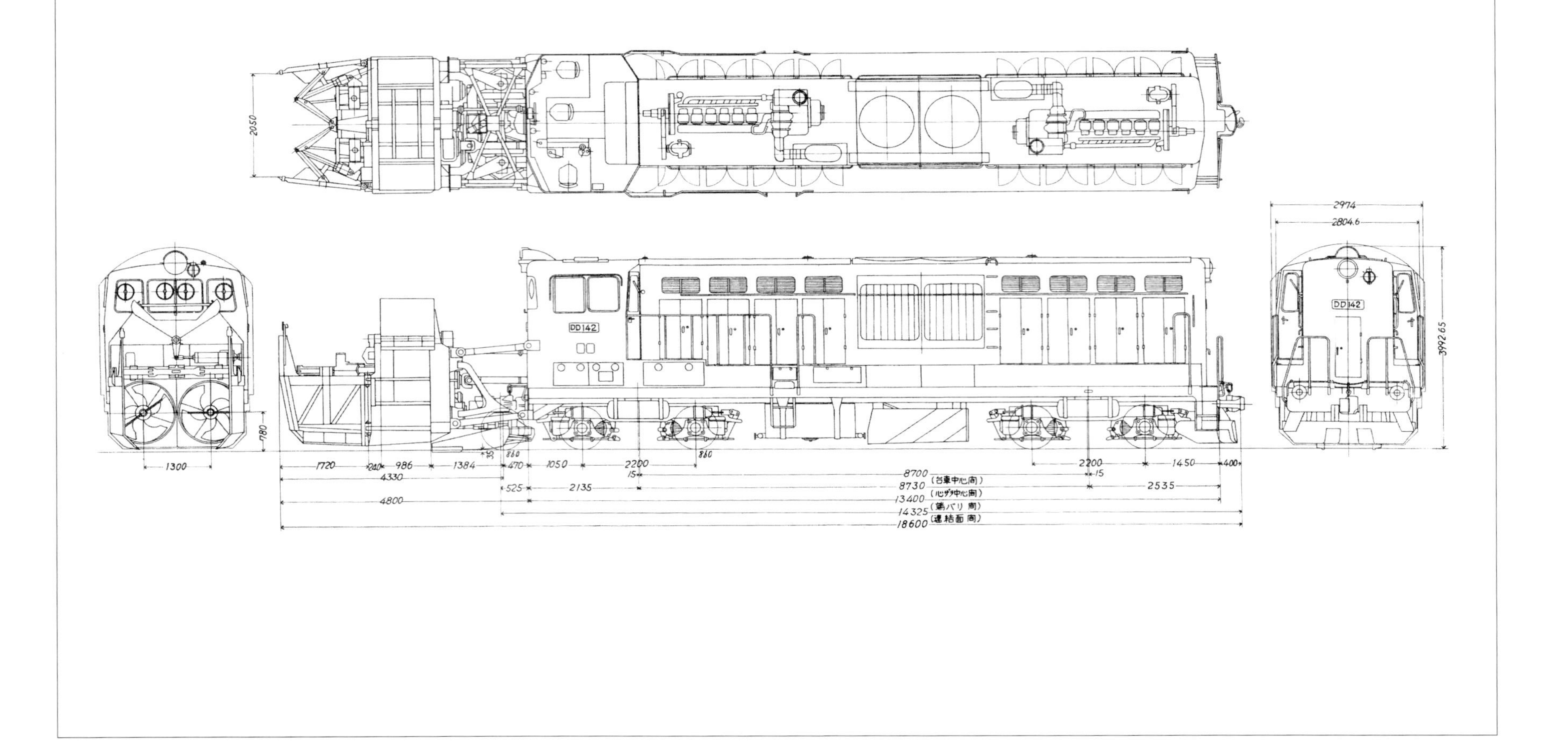

■DD14形式三次車形式図

出典：臨時車両設計事務所（動力車）『第三次DD14形液体式ディーゼル機関車説明書』日本国有鉄道. 1965, 福原俊一所蔵

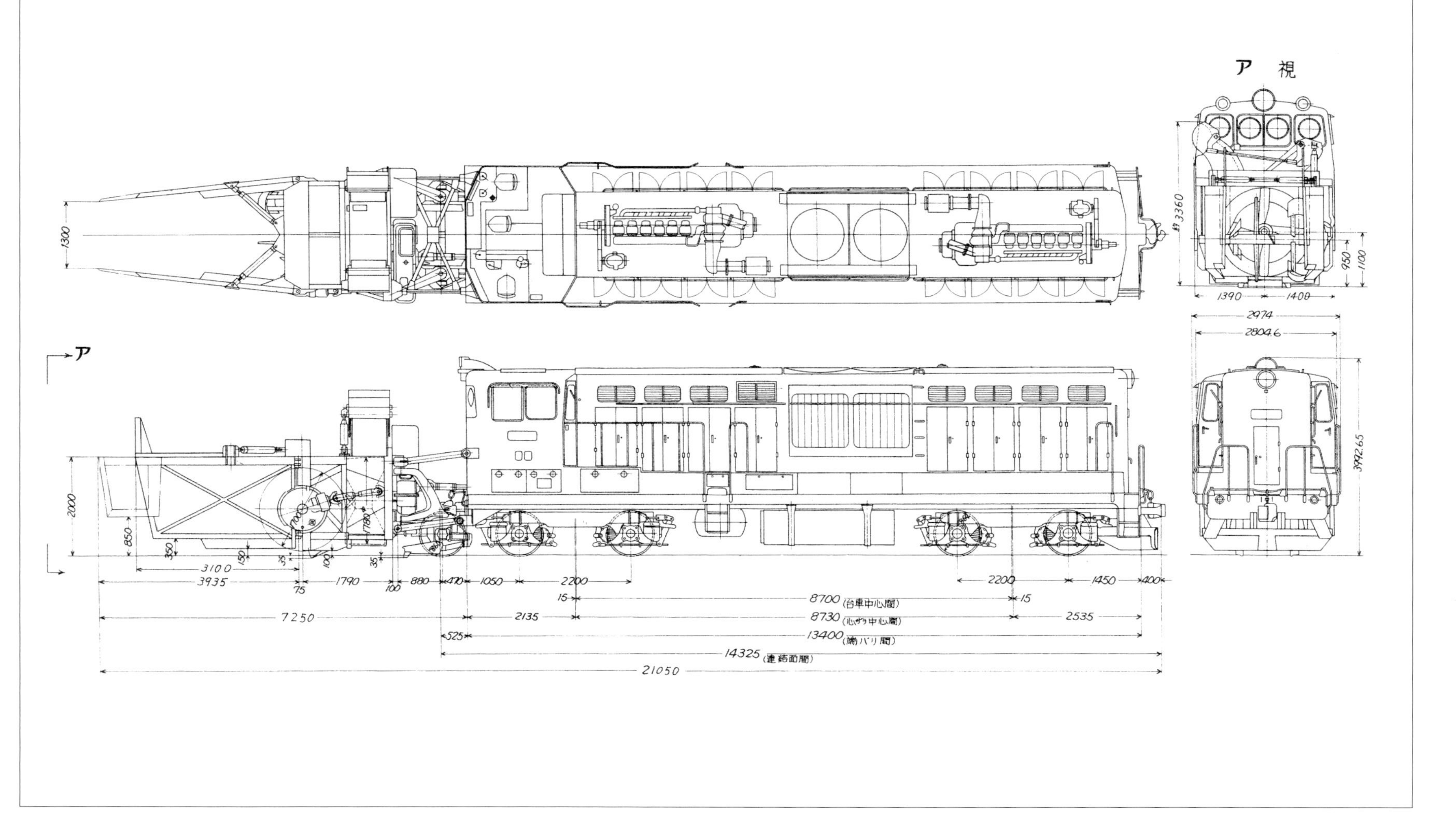

新潟地区で入換機として使われていたDD14 2。三八豪雪でもこれといった活躍を示すことができず、不遇の時期であった。
1962.10.15　信越本線　沼垂　P：豊永泰太郎

5.2　DD14形式の完成・DD53形式の登場

1962(昭和37)年12月末から1963(昭和38)年2月初頭まで一か月以上にわたり、北陸地方を豪雪が襲った。三八豪雪である。鉄道への被害は甚大で、特に1月下旬は新潟地区で列車がほとんど運休し、中でも1月23日発上り急行〈越路〉が106時間31分もの遅延を出したことは今や語り草になっている。

この時期、『鉄道工場』の誌上には「超強力ロータリー車を待望す」や「DD14形式の実績を基とした超強力ロータリー機の開発を」と題する記事が掲載される。DD14形式の開発が停滞するうちにより大型で強力な除雪機関車を求める声が高まっていた。これらの多くは、DD14形式の除雪性能の低さの原因が除雪装置の構造ではなくエンジン馬力にあるとしていた。したがって、当時の最新鋭かつ最強力機であったDD51形式をベースとした除雪機関車の開発の声が上がりはじめていた。

打開策が開けたのは、三八豪雪を受けてのこと1963(昭和38)年度に入ってからだった。DD14形式の技術的停滞は除雪装置の構造そのものであることを認め、全く異なる除雪装置を試行することが決まったのである。

1964(昭和39)年1月実施の除雪試験においてDD14 3に装備されたA形(シュミットカッター形)除雪装置。
P出典：新潟鉄道管理局編『雪にいどむ(写真集)』新潟雪害対策調査委員会調査研究報告書. 新潟鉄道管理局, 1987

このとき改良案として挙げられたのは、二タイプありそれぞれA形とB形と呼ばれた。A形はワンステージ式のシュミットカッター形(ピーターカッター形)と呼ばれるタイプで、これは当時国鉄で試用していた多目的自動車ウニモグの除雪アタッチメントで用いられていたものと同タイプである。したがって、国鉄ではウニモグ形とも通称された。元来はSchmidt社(ドイツ)やPeter社(スイス)の除雪車で多く使用されていた方式で、これはV字のカッターをドラムに巻き付けた形をしており、雪を削り取るようにしてかき込むものである。日本においては、Peter社と提携した酒井工作所が同方式の道路用除雪車を製作していたことがある(※2)。一方、B形はモータカーロータリーMC2形で採用されたツーステージ式のスクリューレーキ形(ニイガタ形)で、新潟鐵工所にて製作された。

1964(昭和39)年1月、DD14 2にA形を、DD14 3にB形を取り付けて試験が行われた。A形の試験は深名線と電源開発小出基地線で実施された。A形については、除雪性能は悪くないが、除雪装置から雪が舞い上がるため運転台からの見通しが悪いという評価がなされている。一方でB形は電源開発小出基地でのみ試験が行われ、除雪性能はA形とほぼ互角であるが、DD13形式による推進運転を行ったとき連結器に働く推力がこちらの方が少ないということがわかった。A形の除雪能力は8,000m^3/h、B形の除雪能力は10,000m^3/hとされた。

この結果から本州、特に新潟地区においてはスクリューレーキ形(ニイガタ形)が優れているということになり、量産化に向けて更なる改良が行われることになった。特にかき寄せ翼の改良が行われ、それまでラッセル車の除雪幅に合わせて4.5m幅とされていたところ、マックレー車の除雪幅に合わせて6m幅になるよう延長された。ここに来てようやくDD14形式はキマロキ編成をも代替し得る強力な除雪車として脱皮したのである。

その後、新潟地区では1965(昭和40)年1月にDD51形式をベースとする2000馬力級ロータリー式ディーゼル除雪機関車DD53形式がお目見えする。このとき除雪装置に採用されたのはもちろんスクリューレーキ形であった。

■DD14形式三次車除雪装置。

出典：臨時車両設計事務所(動力車)『第三次DD14形液体式ディーゼル機関車説明書』日本国有鉄道. 1965, 福原俊一所蔵

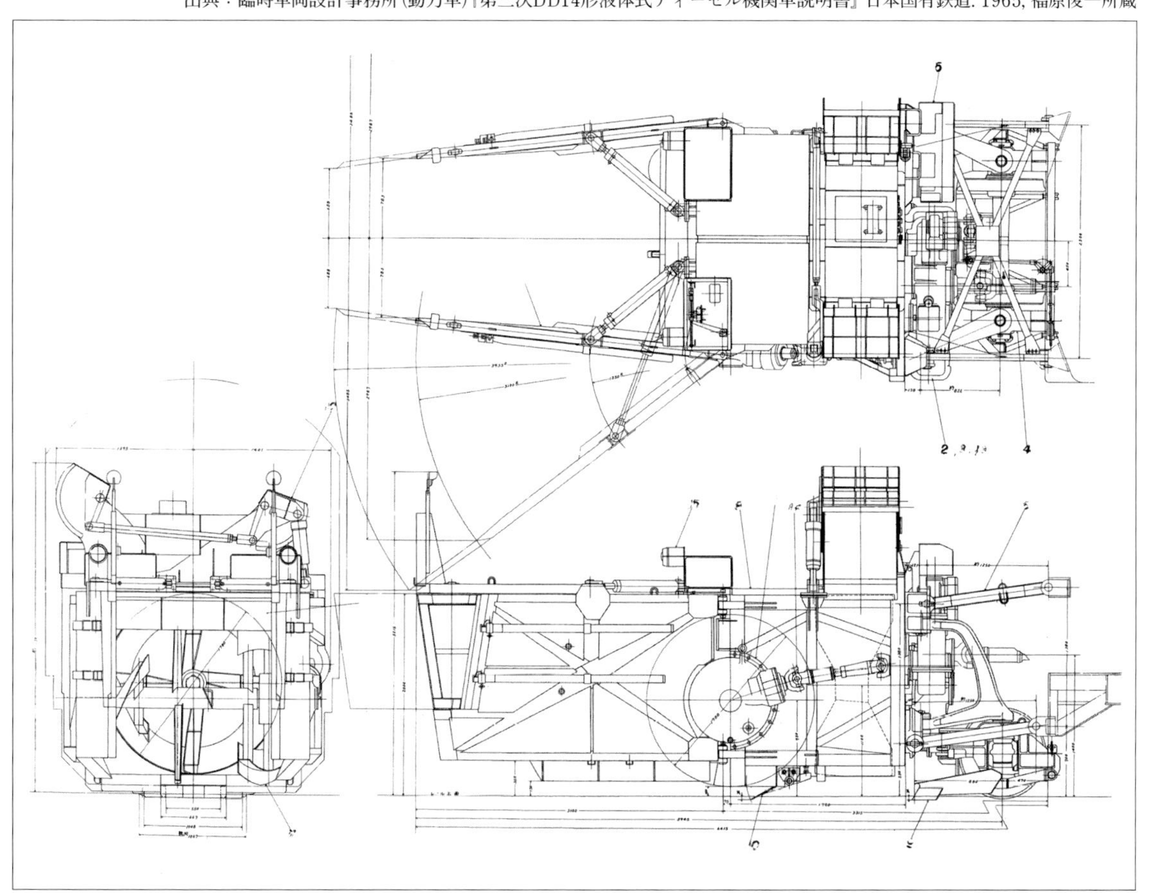

DD14 2に装備されたB形(スクリューレーキ形)除雪装置の成果をもとに、1965(昭和40)年に登場したDD53形式。　P：藤井　曄

一方、北海道ではDD14 1を用いてバイルハック形の更なる改良が独自に続けられていた。本州の湿雪では使い物にならなかった同方式も、北海道の乾雪であれば可能性があったのである。その結果、雪の呑み込みを良くするためかき寄せ翼の形状を変更し、さらに雪を砕くための回転翼(プレカッター)がブロワの回転軸の先に増設された。1965(昭和40)年1月に深名線でこの除雪装置の性能試験が行われたところ、改造の成果が十分に得られたとの報告が上がっている。

しかし、北海道でもやはり湿雪への対応が求められることがあり、そのために新潟地区で好評であったスクリューレーキ形を試行することになった。このため、1965(昭和40)年11月に苗穂と名寄にそれぞれ配置されたDD14 4とDD14 5ではスクリューレーキ形が採用された。その後、北海道向けのDD14形式にもスクリューレーキ形が用いられており、結局北海道独自の改良バイルハック形はついえてしまった。

1965(昭和40)年12月、秋田地区向けDD14 6、新潟地区向けDD14 7とDD14 8が立て続けに登場する。これ以降、DD14形式は本格的に量産がはじまり、翌1966(昭和41)年11月にはDD13形式やDD15形式と同様に減速機を改良した300番代が登場する。DD14形式は0番代と300番代を合わせて43両が製造され、新潟・北海道地区のみならず日本全国の積雪地に配置されていくようになる。

※2 同社製道路除雪車導入された新潟県上越市周辺では現在でも除雪機のことを「ピーター」と呼ぶ習慣がある。

改良後のDD14形式のロータリー除雪装置はすべて新潟鐵工所が製造を担当することになる。　P提供：新潟トランシス株式会社

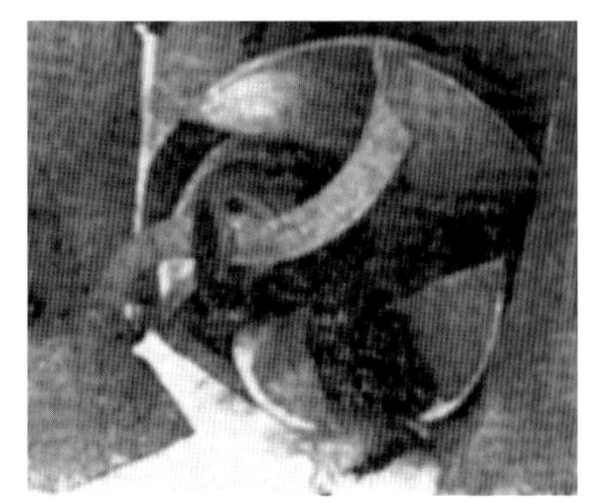

スクリューレーキ形除雪装置が本格採用されたのちにDD14 1で試用されたプレカッター付バイルハック形除雪装置。
出典：武上政二「DD14形ロータリ機関車の除雪性能向上策」『日本機械学会誌』vol. 70, no. 584, 1967　一般社団法人日本機械学会

三六豪雪を機としてDD13形式をベースに開発されたDD15形式。　1962.10.15　新潟客貨車区　P：豊永泰太郎

5.3　ラッセル除雪機関車の開発

先の項目で述べたとおり当初DD14形式はラッセル車の役目をも代替することが期待されていた。このため、本来であればラッセル除雪機関車なるものは登場するはずがなかった車種なのである。しかし、DD14形式登場時の除雪試験における不調や1960(昭和35)年の暮れから1961(昭和36)年初頭にかけて北陸地方を襲った三六豪雪により、国鉄部内では慌てて除雪車のあり方に関して再検討が行われた。その結果、DD13形式に複線形ラッセル除雪装置を装着したラッセル除雪機関車、DD15形式が開発されるはこびとなったのである。

DD15形式の開発概要については、『JREA』誌1961(昭和36)年8月号にて発表され、その少しあとの同年11月に日本車輌製造にて第1号機および第2号機が竣工している。このことからDD15形式の立案から製造に至るまでがいかに迅速に行われたのかということが窺い知れる。

DD15形式の諸元・性能のほとんどはDD13形式と同様であるが、除雪装置を装着する分の重量を軽減するため、燃料タンクの容量が2,000 Lから1,500 Lへ縮小されているほか、端バリ・側バリ・屋根が薄くなっている点が異なる。

DD15形式2両は新潟支社に配置され、DD14形式と比較される形で除雪試験に供された。1962(昭和37)年2月から3月にかけて上越線小出駅構内にて行われた試験では、良好な成績を収め、関係者からの信頼と好評を得る。しかし、一方でラッセル除雪装置のウィングが空気圧によって駆動される方式であったことから、空気シリンダが凍結することを心配されている。このため、のちに登場する量産車では油圧シリンダに変えられており、量産先行車も改造されている。

さっそくDD15形式は量産に移され、1962(昭和37)年に3両が、1963(昭和38)年に13両が製造され、その後1966(昭和41)年までに計50両が登場する。

好評をもって迎えられたDD15形式であるが、ここに来て欠点が露呈して来る。それは重過ぎることと除雪装置の着脱に手間が掛かるということである。DD15形式はDD13形式に比して各部を薄く削って軽量化に努めているが、除雪装置を装着した状態での軸重が15tを超えていたため、入線が不可能な線区が存在した。また、夏期は除雪装置を取り外して入換用に用いることができるという触れ込みであったが、この除雪装置が非常に重く着脱にクレーンの手配が必要であり、手間と時間を要した。したがって、DD15形式の欠点を払拭した新型のラッセル除雪機関車が求められたのである。

除雪装置を装着したまま入換作業に用いられるDD21形式。後ろに夏姿のTMC100BSの姿も見られる。
1964.11.2　信越本線 新潟　P：渡辺和義

そこで1963(昭和38)年にDD21形式が試作される。DD21形式は1962(昭和37)年に試作されたDD20形式をベースにラッセル除雪装置を装備した除雪機関車である。DD20形式はDD13形式よりも低コストの入換機を目指して試作されたもので、大型機DD51形式をそっくりそのまま半分にしたような機関車であった。したがって、エンジンは定格出力1,000馬力のDML61Sを1基のみ搭載し、DD15形式よりは軽量化に成功している。しかし、軸重は14tに達したため丙線には入線できない。

DD21形式の特徴はラッセル除雪装置と車体を固定し一体化させた点にある。夏期にはラッセル除雪装置のウィングを折り畳んだのみで入換に使用される。また、台車には新設計のDT130が採用された。この台車は機関車としては珍しく空気バネを使用しており、除雪走行時には空気を抜くようにしている。

DD21形式は新潟支社に配置され、1964(昭和39)年2月に只見線にて除雪試験が実施された。その結果、除雪能力についてはDD15形式よりも若干優れているということが分かったが、それと同時に速度が上がると雪を舞い上げて運転室からの前方見通しに難があるということも分かった。除雪能力については大きな問題がないということになったが、一方で問題が生じたのは入換作業時であった。常に除雪装置が前頭部に付いているため、操車掛が乗る踏段の位置に問題があり、使い勝手が悪かったのである。

結局、その後のラッセル除雪機関車の増備についてはDD15形式で行われることになり、DD21形式は一形式一両のみの存在となった。DD21形式のベースとなったDD20形式についても軸重の重さや粘着性能の悪さなどから2両が登場したものの中途半端な存在となってしまった。

1966(昭和41)年、DD13形式よりもさらに万能な入換・小運転用機関車としてDE10形式が登場する。DE10形式のコンセプトは、入換用としてDD13形式よりも能力が高かった9600形式などの蒸気機関車を置換えるためより高い引張性能とブレーキ性能を持ち、なおかつ小運転用として丙線への入線を可能とするために軸重を13t以下に抑えた汎用ディーゼル機関車である。このため、エンジンは定格出力1,250馬力のDML61ZA形を1基搭載することでDD13形式よりも大きな引張性能を確保し、3軸をリンクでつないだ独特の構造を有するDT141台車を採用することで5軸配置として強力なブレーキ性能と軸重の軽減を実現した。

DE10形式は入換・小運転用機関車の決定版として増備が行われ、1978(昭和53)年に至るまでに700両以上製造されることになる。

このDE10形式をベースとしたラッセル除雪機関車を開発しようという発想が浮かぶことは、そう不思議なことでもない。1967(昭和42)年にDE10形式の除雪機関車版であるDE15形式が登場する。

DE15形式は、DD15形式の欠点であった除雪装置の着脱や軸重の過大といった点を克服するために除雪装置を機関車本体から独立した前頭車という形にした。このため軸重は13tを超えることなく丙線への入

DD13形式に次いで入換・小運転用機関車として登場したDE10形式。　1981.9.12　新見　P：松尾よしたか

線も可能となったほか、前頭車と機関車本体は３組の密着連結器で連結することとしたため、除雪装置脱着の手間が大いに軽減された。前頭車からは除雪装置の操作はもちろん、機関車本体の運転操作もできる。

DE15形式はその第１号機が旭川鉄道管理局に配置されて試用されたのち、まもなく量産に移された。ラッセル除雪機関車の決定版として1981(昭和56) 年までに85両が投入され、全国の積雪線区で活躍することになっていく。

ところで、前頭車の車体は２軸台車上に載っているが、その車体は台車上を旋回することができる。今でこそDE15形式といえば機関車本体の両側に前頭車を連結しているイメージがあるが、かつては前頭車を片方にしか連結していなかった。このため、DE15形式

ラッセルヘッドを装着したまま夏季で休車中のDE15 2503。　1982.9.1　旭川機関区　P：松尾よしたか

が折返し地点に到着すると、前頭車を切り離して機関車本体は機回しを開始し、前頭車はその場で車体を半回転させて方向を変え、その後に機関車本体と連結して進行方向を変えていた。両側に前頭車を連結するようになったのは、1975(昭和50)年頃からと言われている。

5章の参考文献

1) 塚本清治「昭和34年度の技術課題について」『交通技術』1959, vol. 14, no. 7
2) 小林　毅「ロータリー式雪かきディーゼル機関車」『鉄道工場』1960, vol. 11, no. 2
3) 小林　毅「ロータリー式雪かきディーゼル機関車の構想」『JREA』1960, vol. 3, no. 4
4) 久保田 博「除雪車両の近代化あれこれ」『JREA』1962, vol. 5, no. 2
5) 長野工場客貨車課「雪かき車の今後のありかた」『鉄道工場』1961, vol. 12, no. 7
6) 河合富士男「北海道の冬と雪カキ車」『鉄道工場』1961, vol. 12, no. 7
7) 久保田 博「雪カキ車の将来計画と36年度計画」『鉄道工場』1961, vol. 12, no. 7
8) 小林　毅「除雪近代化のホープDD14及びDD15の性能テスト」『鉄道工場』1962, vol. 13, no. 3
9) 新潟鉄道管理局編『雪にいどむ　<雪と鉄道>』　新潟鉄道管理局, 1972
10) 小林　毅「改良DD14形式の除雪試験あとがき」『鉄道工場』1963, vol. 14, no. 6
11) 小林　毅「DD14形式のロータリ除雪装置の改良策」『鉄道工場』1963, vol. 14, no. 7
12) 伊能忠敏・長倉徳之進・今野　尚「昭和38年度の国鉄における雪害対策」『JREA』1964, vol. 7, no. 4
13) 工作局車両課「近代化除雪車両の開発とその除雪性能試験」『鉄道工場』1965, vol. 16, no. 4
14) 長倉徳之進「除雪車両について」『JREA』1965, vol. 8, no. 4
15) 服部忠雄・杉山鉄夫「北海道・線路と除雪車両を中心に」『JREA』1965, vol. 8, no. 12
16) 武上政二「DD14形ロータリ機関車の除雪性能向上策」『日本機械学会誌』1967, vol. 70, no. 584
17) 小林　毅「2000PSディーゼル機関車」『JREA』 1964, vol. 7, no. 9
18) 小林　毅「除雪装置付DD53形液体式ディーゼル機関車」『鉄道工場』1965, vol.16, no. 1
19) 小林　毅「DD15形両頭ラッセル装置付液体式ディーゼル機関車の構想」『JREA』1961, vol. 4, no. 8
20) 土岐實光「DD21形式ラッセル兼用ディーゼル機関車」『鉄道工場』1963, vol. 15, no. 2
21) 長倉徳之進「除雪車両について」『JREA』1965, vol. 8, no. 4
22) 寺山　巌「新形ディーゼル機関車DE10」『JREA』1966, vol. 9, no. 3
23) 小林　毅「新しい除雪用ディーゼル機関車DE15形の開発」『JREA』 1968, vol. 11, no. 2

ラッセル除雪機関車の決定版となったDE15形式。　2009.11.9　東海道本線 垂井ー関ケ原　P：長澤泰晶

Column3　側雪処理機・オンレール側雪処理機

線路脇の側雪を除雪するため開発され、全国的に配備された大型側雪処理機NHRs1形。　P提供：新潟トランシス株式会社

営業列車やラッセル車が通過したあと線路の両側には側雪が堆積する。この側雪はキマロキ編成などを用いて処理されるが、キマロキ編成の出動には大きな手間がかかること、地形または支障物の関係で人力に頼らざるを得ない場合も多々存在した。そこで1963(昭和38)年に国鉄ではこの側雪を処理するためのロータリー除雪機、すなわち側雪処理機を開発することにした。線路の両側を除雪するということで、これはオフレールの車両となる。必然的に不整地や雪上を走行することから雪上車がベースとなった。

側雪処理機には二世代あり、一世代目は1963(昭和38)年度から1964(昭和39)年度にかけて開発され、その後量産に移された大型側雪処理機(新潟鐵工所形式：NHRs1)と中型側雪処理機、二世代目は1983(昭和58)年度に開発されたNR441である。いずれも製造主体は新潟鐵工所であるが、一世代目は雪上車メーカとして著名な大原鉄工所がベースとなる車体を製作していた。

大型側雪処理機は線路脇の斜面などの段切作業の機械化を目的に開発され、1963(昭和38)年度から1964(昭和39)年度にかけて試作された。その後、1965(昭和40)年度から1973(昭和48)年

側雪処理機を搭載するための専用トロも用意された。　P提供：新潟トランシス株式会社

架線柱と線路の間の除雪作業を機械化すべく開発されたが、試作どまりとなった中型側雪処理機。　P提供：新潟トランシス株式会社

度までに31両製造され、さらに置換え用として1976(昭和51)年度から1980(昭和55)年度までに16両が製造された。

中型側雪処理機は電化区間における架線柱と線路の間の除雪作業を機械化するため開発された。1964(昭和39)年度に試作されたが、結局量産には移されなかった。

NR441は大型側雪処理機の置換えを目的として開発されたもので、これは新潟鐵工所単独で製作している。

側雪処理機は駅間の側雪処理を目的に開発されたが、実際には駅構内の除雪作業が主な役目であった。これはDD14形式のようなロータリー除雪機関車やモータカーロータリーなどオンレールの除雪車の配備が進んだことで従来よりも効率的な側雪の処理が可能となったためであるとみられる。また、後年は輸送の効率化によって駅構内の除雪が必要となる面積も縮小し、側雪処理機が活躍できる場は極端に狭められてしまう。結局、NR441を最後に側雪処理機の新世代機が開発されることはなく、2019年にJR北海道が所有していた１両が稼働を終え、側雪処理機という車種そのものが消滅した。

一方、オンレール側雪処理機というものも存在する。モータカーロータリーの開発以来、閑散線区ではモータカーロータリーが除雪の主体となっていたが、除雪幅の最大が4.5mであり、

1964(昭和39)年に新潟鐵工所において製作されたオンレール側雪処理機の試作機。　P提供：新潟トランシス株式会社

1966(昭和41)年に実用化されたオンレール側雪処理機。前方の除雪を担当する前頭車と、側雪の除雪を担当する作業車の２両から成る。
P提供：新潟トランシス株式会社

除雪速度も5～20km/hと低速であった。また豪雪地においては多量の側雪が堆積した際にキマロキ編成やDD14形式の出動を要請せざるを得なかった。ちょうどその頃、鉄道技術研究所(現：鉄道総合技術研究所)でワンステージ式の鉄研式ロータリー除雪装置が開発される。この鉄研式ロータリー除雪装置を用いて豪雪地閑散線区向け強力モータカーロータリーを開発してみたというものが開発されたオンレール側雪処理機である。オンレール側雪処理機は1964(昭和39)年に除雪装置部のみの試作が行われたのち、1966(昭和41)年に３編成が製造された。

オンレール側雪処理機は前方線路上を除雪しながら推進する前頭車と、除雪装置を左右に張り出して側雪を投雪する作業車から構成される。作業車の除雪装置は側雪の中に直接突っ込ませることができたほか、側雪が高いときに雪の壁を切り崩すことができるようフラップ翼が装備されていた。

鉄研形ロータリー除雪装置は鉤形の先細翼を持ちいたブロアと筒形ケーシングが特徴で、雪の呑み込みが非常によく高性能であったとされる。このオンレール側雪処理機の除雪速度は40km/hに達し、従来のモータカーロータリーを凌駕する高速除雪を可能とした。

オンレール側雪処理機の鉄研形ロータリー除雪装置。鉤形の翼が特徴的。　P提供：新潟トランシス株式会社

オンレール側雪処理機は鉄道技術研究所の指導のもと新潟鐵工所で３編成製造され、開発者である石橋孝夫氏(鉄道技術研究所・土木機械研究室長)によって「万能モータカー」、略して「バンモ」のニックネームがつけられている。おもに飯山線のような豪雪地の閑散線区で使用され、1978(昭和53)年まで活躍した。現在、１編成が長野県長野市にある城山小学校にて保存されている。

コラム3の参考文献

1) GARA『側雪処理機のすべて』　サークルGHI, 2023
2) 鈴木文雄「今年の除雪機械」『鉄道工場』1962, vol. 15, no. 12
3) 今西良一「除雪機械計画あれこれ」『鉄道工場』1963, vol. 14, no. 7
4) 入江則公・岡田直昭・土岐實光・小林　毅・豊田　浩・向田幸一郎・森川克二・青木　茂・片山晴平「II 鉄道技術の進展 1963～1964 車両」『交通技術』1964, no. 218
5) 伊藤　裕「雪に備えて」『交通技術』1965, vol. 20, no. 12
6)「新鋭除雪機械陸続と登場」『交通技術』1966, vol. 21, no. 4
7) 座談会「除雪と防雪」『鉄道技術研究資料』1968, vol. 25, no. 2

6. おわりに

先日、幼少期に私が住んでいた家のあたりを訪れてみた。空き家が目立ち、近隣の学校は閉校となり、かつて見た巨大な道路用ロータリ　除雪車はもう居なかった。人口減や積雪量の減少に伴い、除雪車の配置も変更されたのだろう。

「はじめに」で述べたとおり、豪雪地帯の面積に比してそこに住む人々の数は極めて少ない。ましてこの人口減社会の中、この数はますます減っていくことであろう。除雪車が身近なところにあるという人が減少することが確定的な今、ひとまず鉄道除雪車に関する一研究を世に送り出すことができてほっとしている。

末筆ながら、本書を刊行するにあたり写真提供や資料提供などでご協力いただいた北海道拓殖バス株式会社様、株式会社NICHIJO様、新潟トランシス株式会社様の各社と鉄道友の会客車気動車研究会の皆様方、せんろ商会の岡本憲之様、そして刊行に向けて尽力いただいたネコ・パブリッシングの水野宏史様に深く御礼申し上げたい。最後に本企画に対し当初より多大な協力をいただきながら、本書制作中の2024年10月20日に逝去された電車発達史研究家の福原俊一様に最大の御礼を申し上げるとともに本書を捧げる。

長澤泰晶

雪を吹き飛ばし雪原を突き進む北海道拓殖鉄道D.R.202CL形。除雪車の高らかなエンジン音は雪国に住む人々にとっての福音となった。
1960.1.29　P提供：北海道拓殖バス株式会社